U0149719

RESEARCH ON 3D FACE RECOGNITION

Based on Advanced Uncertain Reasoning Architecture

基于高级不确定推理架构的三维人脸识别研究

句 全◎著

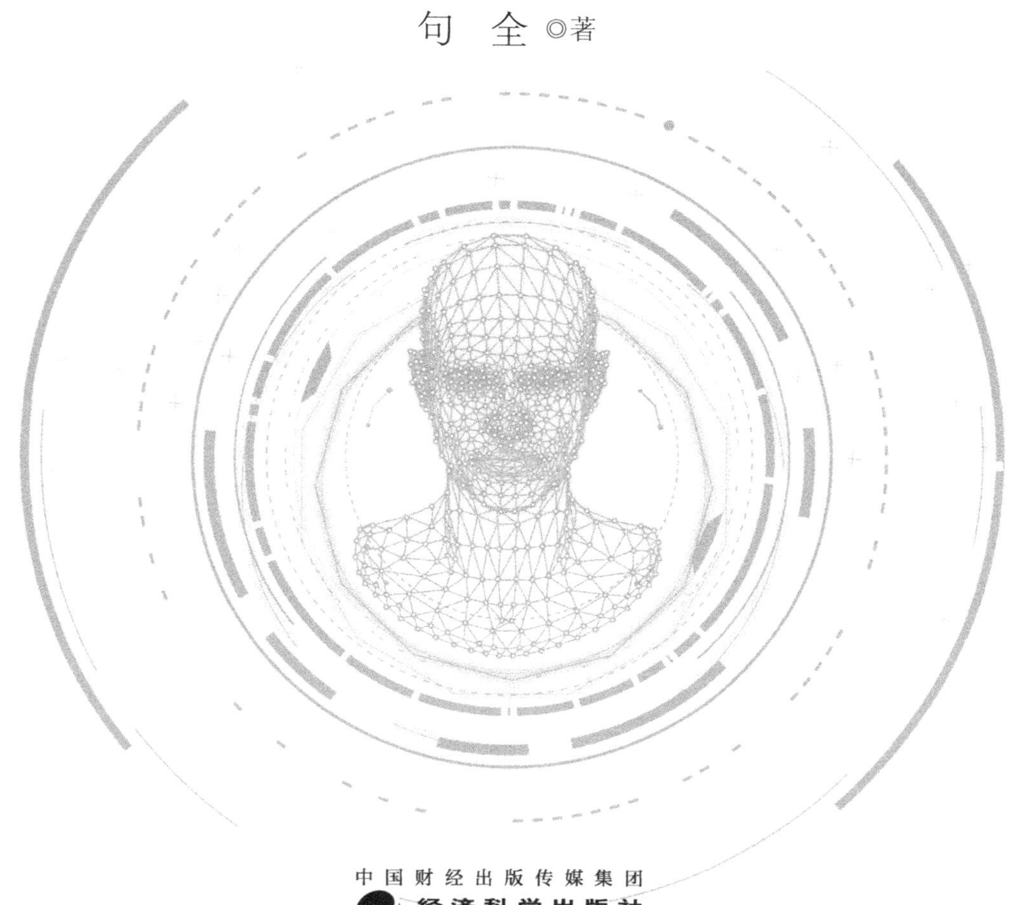

中国财经出版传媒集团
经济科学出版社
Economic Science Press

前 言

近年来，人脸识别研究在计算机视觉和模式识别领域中引起了相当大的关注。然而在人脸识别的研究中存在着许多困难和挑战有待解决，例如，人脸识别应用需要在海量的人脸数据集中进行图像搜索、图像处理及图像数据匹配等高计算量的任务，同时还需要在各种干扰因素及噪声的不利条件下，依然能够取得较高的人脸图像数据匹配和识别的精确度。伴随着众多三维人脸数据集的出现及三维人脸图像采集设备的进步，越来越多的研究人员开始将注意力转移到三维人脸图像的识别及相关应用上。三维人脸图像与二维人脸图像相比，三维人脸图像包含有相对更加丰富和更真实的信息，非常有利于应对处理头部、人脸姿态的变化问题和克服人脸表情变化的不利因素。

本书首先回顾了与现有人脸识别尤其是三维人脸图像识别研究相关的大量研究成果，探讨和总结了三维人脸识别研究需要着重解决的技术要点和以待克服的困难及问题，并在此基础上创新性地提出并实现了一种基于三维曲面形状描述符的三维人脸图像自动识别的技术框架，实现了从原始粗糙的三维人脸图像数据到最终完成人脸识别的各项必需任务。在技术框架的第一阶段，关键的人脸特征（尤其是鼻尖）需要被极其精确地识别和定位，从而为进行后续的人脸识别最终关键任务奠定良好的图像数据处理基础。为了有效利用三维人脸图像的局部特征信息，本书提出了一种基于三维曲面形状描述符的人脸器官和特征的检测与定位方法，设计并实现了两种不同的三维曲面形状描述符：首先，基于多轮廓曲面角矩描述符（multi contour surface angle moments descriptor，MCSAMD）

和多壳层曲面角矩描述符（multi shell surface angle moments descriptor，MSSAMD），使用一种基于 k 最近邻高级不确定推理架构算法（k - nearest neighbour advanced uncertain reasoning architecture）的二进制神经网络技术识别和定位鼻尖位置，可以根据鼻尖的位置对三维图像中的人脸主要区域进行定位和裁剪，从而实现三维人脸的检测和定位，在人脸识别大挑战（face recognition grand challenge，FRGC）三维人脸图像数据库上，鼻尖的定位识别率基本达到 100%。其次，通过巧妙的融合主成分分析（principal component analysis，PCA）和迭代最近点算法（iterative closest point，ICP）等多项技术，另外加上利用人脸三维曲面形状存在的一定对称性，从而实现人脸姿态在三维空间的精确矫正和统一对齐。即使在复杂人脸表情变化的情况下，实验中所有三维人脸图像全部都能够被准确地校正到统一的姿态和坐标系下。当三维图像中的人脸姿态被统一调整对齐后，根据人脸表情变化对不同位置的三维曲面形状的改变和影响程度不同，人脸整个面部的主要范围被继续划分为多个可以赋予不同权重值的子区域。基于前述多壳层曲面角矩描述符的相似度计算算法用于匹配不同人脸面孔的相应区域，再将表情变化影响权重值应用于相似度计算，最终合并汇总计算出三维人脸图像的最终人脸鉴别和人脸验证结果。在具有不同表情变化的数千张三维人脸图像数据集的测试和实验中，使用本书所提出和设计的人脸识别技术框架可以实现超过 90% 的人脸验证率，以及超过 97% 的人脸鉴别率，与同类最新技术相比，达到了国际先进水平。

目录

导　言

信息化社会中，个人身份验证是一项重要的关键技术。目前利用计算机进行生物身份认证的技术有指纹、虹膜、视网膜、掌纹、人脸等。这些人体生物特征识别技术应用得非常广泛，在机场安检、大空间视频监控、门禁系统等领域都得到广泛应用。而人脸技术相对其他身份识别技术具有一些不可替代的相对优势，如对用户自然友好、对用户的干扰最少、侵害感低。容易被用户接受，因此具有很好的应用和市场前景。

第一节　人脸识别研究技术发展及产业现状

从狭义的定义来看，人脸识别技术是指通过人脸进行身份确认或者身份查找验证的技术和系统。但是在实际应用中，人脸识别技术还应包括广义范围内的人脸图像采集、人脸定位、人脸识别预处理、身份确认、身份验证搜索等功能和子系统。

人脸识别技术的相关研究始于20世纪50年代，最早主要涉及社会心理学的领域（祝秀萍等，2008）。近年来人脸识别的研究得到非常多的科研人员的关注，涌现出相当多的技术和方法。特别是从20世纪90年代开始，人脸识别技术的相关研究和发展得到了长足的进步。绝大部分信息技术企业和公司以及全球所有知名理工科的院校都有团队或科研人员从事人脸识别的研究。

从人脸识别技术的出现到现在，相关的研究发展大致可以分为以下几个阶段（赵昆等，2018）。

第一阶段：20世纪50～90年代。这个阶段中的人脸识别技术研究刚刚起步，属于模式识别领域中的一个一般性问题。在起步阶段，研究人员一般都采取基于人脸几何结构特征（geometric feature based）的研究方法和技术路线。

第二阶段：从20世纪90年代开始一直到20世纪末的最后10年间。这个阶段虽然时间短暂，但是掀起了人脸识别研究的一个高潮，诞生了许多具有代表性的人脸识别技术和算法，出现了不少能够实现商业化运作的人脸识别系统，如著名的Visionics公司的FaceIt系统。美国军方还组织了FERET项目——人脸识别算法测试。美国麻省理工学院MIT媒体实验室提出的“特征脸”技术是这一时期代表性人脸识别方法。

第三阶段：从21世纪开始至今。伴随模式识别、神经网络、大数据、人工智能技术的蓬勃发展，人脸识别技术和系统研究得到巨大的进步。目前阶段涌现出更多的技术路线和方法，研究的重点已经集中在如何解决人脸识别技术应用中需要克服的光照变化、人脸姿态变化、表情变化、遮挡问题等挑战上。研究人员需要从采集数据开始针对非理想采集条件及采集对象不配合的情况下，处理和解决上述困难。

人脸识别是一项既有科学研究价值又有广泛应用前景的研究课题。通过国际上大量研究人员几十年的研究取得了丰硕的技术成果，自动人脸识别技术已经在某些限定条件下得到了成功应用，人脸识别技术的研究对模式识别、人工智能、计算机视觉、图像处理等领域的发展有巨大的推动作用。人脸识别问题可以定义为：输入（查询）场景中的静止图像或者视频，使用人脸数据库识别或验证场景中的一个人或者多个人。基于静止图像的人脸识别通常是指输入（查询）一幅静止的图像，使用人脸数据库进行识别或验证图像中的人脸。而基于视频的人脸识别是指输入（查询）一段视频，使用人脸数据库进行识别或验证视频中的人脸。例如，不考虑视频的时间连续信息，问题也可以变成采用多幅图像（时间上不一定连续）进行识别或验证。

一般而言，人脸自动识别系统包括几个主要功能模块。首先是图像数据预处理模块，用于解决实际成像系统中存在不完善的地方以及受外界光照条件等因素的影响，在一定程度上增加了图像的噪声，使图像变得模糊、对比度低、区域次度不平衡等。为了提高图像的质量，保证提取特征的有效性，进而提高识别系统的识别率，在提取特征之前，有必要对图像进行预处理操作。其次是人脸的检测和定位模块，即从预处理的图像中，利用人脸检测器（目前人脸检测方法主要以 Adaboost 算法为主，OpenCV 在这方面效果比较突出）找出人脸及人脸所在的位置，并将人脸从背景中分割出来，对库中所有的人脸图像大小和人脸上各个主要器官的位置归一化。最后是对归一化人脸图像进行特征提取（提取局部特征已逐渐成为主流），建立特征描述子或者描述符，将图像之间的特征进行匹配进而完成识别。

从涉及人脸识别技术的产业链的组成来看，人脸识别产业的上游是起到基础支撑作用的硬件基础行业，如高清摄像头、图像和数据处理芯片 CPU 与 TPU 及 GPU、服务器与数字视频传输设备等。在高清摄像头或者人脸图像采集设备方面，浙江大华股份、海康威视等安防企业的水平较为领先，而在处理芯片方面英特尔、英伟达及 AMD 等国际知名巨头占据了先进行列。国内芯片行业相对较为落后，但是近期华为和阿里巴巴等企业也在相关领域进行了相当规模的投资和研发，试图进行追赶超越。

在人脸识别产业链居于中游和重要位置的是人脸识别技术及相关的软件算法服务。算法软件方面中国比较突出的企业有腾讯、百度、旷视科技、云从科技、商汤科技等，同时也是世界领先的厂商。而安防巨头浙江大华、海康威视及川大智胜、汉王科技等企业也在软件与硬件集中领域竞争激烈。

目前，中国应用人脸识别技术比较广泛的领域有机场和火车站等公共交通的身份验证、智能手机应用、金融、企业门禁考勤等应用场景。将来随着技术进步，人脸识别的应用场景会进一步的扩展和深化。

一、国家有关产业政策

随着科学技术的发展，人工智能（artificial intelligence，AI）逐渐被世界各国所重视，人工智能领域的研发和推广被很多国家上升至国家级战略规划。人脸识别作为人工智能其中的一个子类，目前已经逐渐在各领域得到应用，其对人脸精准的辨别特性使得各领域逐步加大了对人脸识别的重视和应用推广。近年来，我国相关政策的频频出台也为人脸识别技术的发展提供了政策保障和支撑。近年来，人工智能以及机器学习相关科技在国内发展迅速，人脸识别获得越来越多的关注和应用，人脸识别等自动识别技术渐成趋势。人脸识别技术开始在智慧城市、公共安全、公共交通、行政管理及金融等行业得到应用。近 5 年以来，国家持续出台扶持政策。自 2015 年开始，国家出台了《安全防范视频监控人脸识别系统技术要求》《信息安全技术网络人脸识别认证系统安全技术要求》等关于人脸识别在关键领域特别是金融、安防等方面的法律法规。2017 年开始国家对人脸识别技术相关政策支持力度加大，政府报告中指出要加快培育壮大包括人工智能在内的新型产业，并发布了《促进新一代人工智能产业发展三年行动计划（2018－2020）》的规划。2017 年国家发布《国务院关于印发新一代人工智能发展规划的通知》，提出到 2020 年人工智能技术和应用与世界先进水平同步，人工智能核心产业规模超过 1500 亿元，带动相关产业规模超过 1 万亿元。在 2018 年政府工作报告中，李克强总理提出要做大做强新兴产业集群，实施大数据发展行动，加强新一代人工智能研发应用。在 2019 年政府工作报告中将人工智能升级为"智能 +"，打造工业互联网平台，拓展"智能 +"，为制造业转型升级赋能。在党的十九大报告中，政府提出了要推进互联网、大数据、人工智能与实体经济的深度融合。

二、人脸识别行业市场发展现状

在信息化高度发展的现代社会，信息的安全性以及隐蔽性变得越来越重要，如何有效及更加方便地进行验证和跟踪识别个人身份，越来越成为一个异常紧迫的需求。在过去传统的各类验证方式如证件、密码、口令、磁卡等皆存在着诸多的问题和缺陷，并且伴随着各类破解技术的不断进步，也面临着越来越严峻的挑战，人脸识别技术作为人类视觉和智能上最突出的一项能力，由于其无侵害性及对用户最友好且直观自然的方式，使其成为生物特征自动识别技术领域最具有应用前景的一个方向。近几年来，中国人脸识别市场规模在逐年增长，每年增长率超过 30%。截至 2018 年，整个中国人脸识别的市场规模超过 25 亿元人民币，占全球市场规模的 15%。预计在未来的五至十年内，人脸识别市场的增长速度会保持在每年 25% 左右，在 2024 年或 2025 年将突破 100 亿元（朱宝，2019）。

目前，中国排名靠前的人脸识别相关企业除了老牌的上市公司海康威视、大华股份、欧比特、川大智胜等安防企业，以及商汤科技、旷视科技等初创型公司外，互联网巨头如腾讯、百度、阿里巴巴都组建了科研团队或者直接对人脸识别领域进行了投资。随着技术发展和安全性要求的提高，人脸识别技术在产业应用中发生了巨大变化，从安全性、可靠性要求较低的行业如安防、社区等上升到金融社保、证券、银行、互联网金融等安全可靠性要求较高的行业。当前，人脸识别在考勤、门禁领域的应用最为成熟，占市场份额超过40%左右；安防作为人脸识别最早应用的领域之一，其市场份额占比超过30%；金融作为人脸识别未来重要的应用领域之一，其市场规模在逐步扩大，目前占行业的20%左右（朱宝，2019）。

中国人脸识别行业规模快速扩大，起到支撑关键作用的是中国人脸识别技术的快速发展。人工智能的发展浪潮，让人脸识别技术得到了快速发展的机遇，特别是得到中国人工智能政策的支持，为人脸识别的发展提供了坚实保障。根据最新数据显示，近年来我国人脸识别技术专利申请量和公开量不断提高，2017 年我国人脸识别专利申请量和公开量分别超过了 3000 项和 2500 项，截至 2018 年专利申请量增长至接近 3500 项，而公开量增长近一倍，超过 5000 项。作为 IT 产业的新一轮技术浪潮，人脸识别技术被众多国内外知名厂商予以重视和投资布局。国内各大知名企业以及厂商在人脸识别相关技术领域已经取得了领先的地位，走在了世界的前列（中研智业研究院，2021）。

人脸识别技术的核心是算法。算法负责提取图像数据中人脸的特征，并与库存的已知人脸进行特征比对，完成最终的分类、识别及验证，这是整个人脸识别最为关键的步骤。目前，中国企业已经在算法领域取得了全球领先的地位。根据我国企业在公布的人脸识别数据库（labeled faces in the wild，LFW）测试结果显示，平安集团旗下平安科技的人脸识别技术以 99. 84% 的识别精度和最低的波动幅度领先国内外知名公司，位居世界第一位；腾讯优图以 99. 80% 的识别率排名第二位；而大华股份以 99. 78% 的识别率排在第三位。另外，在 2018 年的美国国家标准与技术研究院（national institute of standards and technology，NIST）的全球人脸识别算法测试（face recognition vendor test，FRVT）中，“嫌疑人照片”人脸识别算法测试子项目中，中国企业研发的人脸识别包揽了前五名。在2019年的测试中，多项中国人脸识别技术依然取得了优胜。最具挑战性的“非约束性环境照片”人脸识别算法测试子项目第一名由中国的“格灵深瞳”获得，另外依图科技在“签证照片”人脸识别算法测试子项目中也取得了冠军。不论是LFW测试结果还是美国国家标准与技术研究院（NIST）的测试结果都证明，目前中国人脸识别技术处于全球领先地位，随着中国整体技术水平的提高和在人脸识别等人工智能领域投入的扩大，未来中国很可能将继续领跑世界（中研智业研究院，2021）。

目前，由于人脸识别技术的科研技术水平要求较高，在中国其相关研究都集中在科技研发实力较强的地区，如首都北京就聚集了最多的人脸识别的企业与研发团队，上海市、广东省、浙江省、重庆市等也分布了较多的科研公司和团队。

通过对目前人脸识别市场的调研发现，目前大致有五大类厂商分布或者占据在不同的市场分支中，如初创新锐科技企业旷视科技和依图科技，传统老牌安防企业浙江大华和海康威视，电信运行商如中国移动、中国联通、中国电信各省分公司，系统集成商如中移建设、东华软件及各省广播电视网络股份有限公司等。

人脸识别行业在产业链中处于比较有利的地位，对上下游的议价能力较强。随着人脸识别行业的持续蓬勃发展，各种来源的投资的进入导致企业数量增多，竞争加剧。特别是在某些细分领域，人脸识别相关企业的竞争压力会变大。

人脸识别行业投资前景广阔，从投资的细分领域来分析，安防领域以及互联网金融方面是人脸识别应用的重要增长点。随着大数据、物联网、人工智能、云计算等计算机相关科学技术的迅猛发展，人脸识别技术会在智慧城市、智慧家居、智慧安防、移动支付等领域获得更大的发展。

2012～2019年，中国的人脸识别行业共实现了超过300亿元人民币的融资，占据了计算机视觉（computer vision）以及计算图像处理（image processing）总投资比重的40%以上（朱宝，2019），说明目前人脸识别技术是计算机视觉与图像领域的一个投资热点和重点。2018年人脸识别行业投资规模超过了180亿元人民币，2019年投资规模超过了65亿元。从融资的轮次分析，B轮以上的融资数量占比最大，足以说明人脸识别技术发展成熟的企业获得投资的机会更高。预计未来随着人脸识别技术的不断进步和在各行业场景中的应用逐渐成熟，中国的人脸识别行业会吸引更多的投资（中研智业研究院，2021）。

三、国内外相关领域技术发展水平和趋势

一般来说，在许多不同的人脸识别的应用环境中，大致存在三种主要的人脸识别应用场景：人脸验证、人脸鉴别和监视列表（Lu，2003）。

1. 人脸验证（face verification）

人脸验证是一种识别人脸的处理操作程序，用于将需要查询的人脸图像与数据库中已存在的模板人脸图像进行比较，以确定被查询的受试者是否是他们声称的身份。用于查询的人脸数据仅与模板数据库中属于他（她）声称的身份的人脸图像进行对比匹配。仅当计算出的被查询人脸图像与在库相关模板人脸图像的相似性分数高于某个阈值时，身份验证才被批准和通过。验证率（verification rate）和错误接受率（false acceptance rate，FAR）是评估验证性能的两个重要的关联指标。这两个指标之间必须保持良好的平衡。一味追求高的人脸验证率而忽略了错误接受率会导致存在大量错误的身份被验证通过。因此需要用错误接受率来进行一定的控制。在实验中，可以通过绘制受试者工作特征曲线（receiver operating characteristic，ROC）来显示两者之间的关联度以及人

脸验证的性能。

2. 人脸鉴别（face identification）

人脸鉴别是将查询人脸图像数据与在人脸数据库中存在的许多已知人脸图像进行比较，以判断鉴别此人的身份。将被查询的人脸图像数据与已知的人脸图像模板数据进行匹配识别，计算和标识获得最高相似性匹配分数的人脸图像所属的对象、个人的身份。用来查询的人脸图像数据所属的身份通常应该是模板人脸图像数据库中的一个人脸数据的已知身份。计算得到最高相似性得分的对象、个人身份是正确身份的比率被称为人脸鉴别率（rank – one identification）。从高到低排名前 n 个相似度得分获得正确身份匹配的比率被称为 n 级人脸鉴别率（rank – n identification）。也可以用累积匹配曲线（cumulative match curve，CMC）来显示不同的 n 级人脸鉴别率与正确鉴别率的相应百分比来表示人脸鉴别的最终性能。

3. 监视列表（watch list）

将被查询的人脸图像与已知的监视列表人脸图像数据库中的所有人脸图像进行比较，并且每次比较都生成相似度得分。如果在任意一次比较中的相似性分数大于设定的阈值，则会发出警报。如果发出警报，系统将认为被查询的人脸数据所属的对象、个人身份是存在于监视列表数据库中的。有两个指标可以用于表达监视列表应用的性能：一个是检测识别率（detection and identification rate），它是正确发出警报的查询的百分比；另一个是错误警报率（false alarm rate），是发出警报但被查询的人脸数据所属的身份不在已知的监视列表数据库中的百分比。

人脸识别技术始于 20 世纪 90 年代末，经历了技术引进、专业市场导入、技术完善、技术应用、各行业领域广泛使用共五个阶段。其中，2014 年是深度学习应用于人脸识别的关键时间节点，该年 Facebook 发表了一篇关于人类肉眼级别的人脸识别系统的文章，之后旷视科技 Face ++ 创始人印奇团队及香港中文大学汤晓鸥团队均在深度学习结合人脸识别领域取得优异效果。2015 年人脸识别技术在中国的发展加速起步。目前，国内的人脸识别技术已经相对发展成熟，正在各个领域加强推广（朱宝，2019）。

得益于国家出台多项政策助力，人脸识别相关产业发展呈现飞速发展势头。作为生物识别技术的一种，人脸识别技术利用人的个体面部特征的区别，实现对人员身份特征的识别。基于这项优势，人脸识别在公安业务领域表现出了巨大功效。近年来，基于人脸识别技术的成熟，在安防行业众多厂商推出了如考勤、门禁及智能视频分析等产品。目前，人脸识别在考勤、门禁领域的应用非常成熟，另外安防作为人脸识别应用的领域之一，其市场份额占比在 30% 左右。除了公共安全领域，在“互联网 +”环境下，人脸识别技术作为网络支付安全的重要保障，被广泛应用于企业和个人领域。

当前，随着我国智慧城市的建设已经进入大规模试点阶段，人脸识别技术作为实现城市安全、生活便利的重要支撑技术，随着智慧城市的大规模建设，人脸识别的全面应用时代已经到来。国内人脸识别技术专利数量也从 2007 年不足 100 项，到 2015 年已经超过 1300 项，2018 年申请总量则超过了 10000 项。根据人脸识别行业产业分析，目前，全球人脸识别技术行业的市场规模已经超过 20 亿美元，产业还在不断的高速扩展中。随着消费者消费电子领域特别是对移动设备的使用，逐渐养成了生物身份验证的习惯，这也有利于人脸识别技术的普遍推广应用。Apple 公司的 iPad、iPhone，华为等公司的手机和平板等移动便携设备产品上已经内置了人脸识别解锁、登录验证及交易支付验证的功能。智能便携设备、汽车智能化领域都是未来的应用领域。2016 年，我国人脸识别市场规模超过 17 亿元，2018 年超过 27 亿元，2021 年市场规模将突破 50 亿元。在人脸识别技术领域，2018 年总投资额已超过 300 亿元（朱宝，2019）。

在大数据和移动网络时代，基于大数据的大规模人脸搜索是人脸识别技术未来发展的重要方向。例如，公安领域已经积累了大量人脸数据，如何利用现有海量的数据资源，进行人脸大数据的快速比对识别，是未来公共安全领域人脸技术发展的一个重要课题。另外，随着移动便携设备的广泛普及应用，消费者使用人脸识别技术也会积累海量的人脸数据，如何安全高效地使用这些大数据，也是未来的一个研究方向。

作为可以有效区分人类独特和内在的身体和行为属性的生物识别技术，人类的脸部数据及手指（手掌）印、声音、虹膜（视网膜）和手写签名都被认为是有效的生物识别指标。这些生物识别指标具有不同的特性来满足不同的现实应用需求和应用场景。相对其他几种生物识别技术，人脸数据的识别干扰和侵犯被检测对象的程度较低，而其他几种生物特征的识别检测技术则需要受试者在识别或验证过程中进行相当程度的合作，否则会显著降低识别率或无法实现检测和识别。另外，人脸数据的采集和提取也相对容易被公众接受。提供照片对于大多数人来说是相对容易被接受的，特别是大部分身份注册或者申请都有提供人脸图像的要求。与此相反，获取其他生物特征通常会引起一定的公众忧虑和抗拒，如收集指纹始终被视为侵犯个人隐私。此外，尤其是在法律、安全、商业应用环境和应用场景中对人脸识别的业务与技术需求一直在增长，因此近年来人脸识别在计算机视觉和模式识别等相关研究领域中变得越来越重要。人脸识别技术的进步可以对强烈需要区分识别身份的应用场景（如人群监视和访问控制）进行重大推进和改革。

在不同应用领域，人脸识别行业品牌的知名度也不一样。按照人脸识别技术的应用维度分析，可以分为政府、企业及个人消费者。其中政府部门一般希望人脸识别技术应用在智能安防领域，应用场景复杂，对准确性的要求较高。个人消费者应用场景复杂性低，但对消费体验要求较高。按照人脸识别技术的供给维度分析，人脸识别技术能够提供的产品主要划分为工程项目、硬件及软件技术。在个人应用领域，纯粹的软件技术（人脸识别技术）与智能手机及平板电脑等智能终端结合，应用场景简单，主要品牌为旷视科技、商汤科技等初创企业。在企业应用领域，主要是门禁、考勤等产品需求，应用场景最为简单，主要品牌为汉王科技、海康威视等企业。在政府应用领域，人脸识别的项目工程一般应用在公共安全领域（包括出入境管理、智慧城市等领域），此类领域应用场景最复杂，主要包括欧比特、海鑫科金、海康威视、大华股份等企业。

随着人脸识别技术不断成熟，市场需求将加速释放，应用场景不断被挖掘。从社保领取到校园门禁，从远程预授信到安检闸机检查，人脸识别正不断打开市场。人脸识别市场热度高涨，其应用场景得到跨越式发展的根本原因在于技术革新。人工智能下，深度学习使人脸识别的精确度超越肉眼级别，极大丰富了人脸识别的应用场景。互联网银行远程开户的刚需将人脸识别带进了金融级应用场景，同时在智慧城市建设下，安防等领域对人脸识别的需求逐步扩大；行业巨头频繁布局人脸识别赋予其更大的应用场景想象空间，同时培养用户“刷脸”习惯以及对技术的认可度，有利于产业进一步发展。多方的推动使得人脸识别应用得到爆发式发展。

目前，二维人脸识别是基于平面二维图像的识别技术，已经得到比较广泛的应用。海康威视、腾讯、阿里巴巴、百度等科技巨头都在加速布局人脸识别，推出了很多针对不同应用场景的人脸识别产品，覆盖了商业、金融、安防等多个领域。另外，还有商汤、云从、佳都科技等公司也推出了多种人脸识别的产品和应用。清华大学、中科院的自动化所以及香港中文大学等院校在人脸识别领域都取得了相对领先的研究成果。国际上，从产业层面的应用来看，美国和以色列的人脸动态识别技术取得国际领先。美国投入超过10亿美元研发全网的实时监控，并推出下一代的电子识别系统。

从20世纪90年代起，NIST在国际范围内定期举办生物特征识别技术评测，在评估各种系统识别率的同时，也大大推动了生物特征识别技术的发展。这些评测主要分1∶1比对和1∶N比对两大类。1∶1比对也称查验，是指判断评测数据集中的两幅图像是否采集自同一人；1∶N比对也称搜索鉴别，是指给定一幅图像，判断该图像与数据库中的哪一幅图像属于同一个人。NIST组织了针对人脸识别供应商系统的评测（Face Recognition Vendor Test，FRVT），至今已连续举办了多届。这些评测一方面对知名的人脸识别系统的性能进行比较；另一方面全面总结了人脸识别技术发展的现状，并进一步指出了人脸识别算法亟待解决的若干问题。从测评任务上看，人脸识别技术已经向更加智能化发展，不仅是单纯追求识别的成功率，同时也反映了人脸识别与视频监控技术对接的发展趋势。NIST发布的所有算法的运行时间小于0.15秒/图片，最准确的算法平均运行速度为0.125秒/图片（赵昆等，2018）。

目前的人脸检测识别技术，尤其是已经成熟到可以进入市场的人脸识别技术基本上是基于二维平面图像的人脸检测识别技术。这些二维识别技术能够在一定环境约束条件下（如比较好的光照姿态条件下）取得较好的检测和识别结果。二维人脸识别的数据是二维的图像，其本质是三维物体在二维平面上的投影，是三维信息在二维空间中的映射。然而，二维人脸图像会被光照变化、姿态不同及表情的变化影响外观表现，从而显著降低检测识别算法的性能，而三维人脸图像能够真实的反映客观世界中人脸的立体形态，因此可以相对便利地解决上述难题。三维人脸识别不同于二维人脸识别的关键在于所采用的数据不同，其具有相对二维人脸识别的优势：（1）脸部三维形状数据不随光照、视图的变化而变化，且化妆品等附属物对二维图像影响很大而对三维数据影响很小，因而，三维人脸识别具有光照不变、姿态不变的特性。（2）三维数据具有完整的空间形状表征，因此在信息量上比二维图像完全。目前越来越多的研究人员开始从事三维人脸图像的科研。最著名的是美国各国家安全机构如 FBI 和各大学以及研究院所合作的人脸识别挑战计划（face recognition grand challenge，FRGC）项目，开始建立三维的人脸数据库，鼓励研究人员从事三维人脸的各种研究（赵昆等，2018）。

随着三维图像数据获取技术的发展和进步，基于三维图像的人脸识别算法能够解决二维人脸识别造成的信息损失等问题，对于光照变化、人脸姿态变化、表情和遮挡等问题具有相对较好的解决方式。伴随三维图像获取设备的进步和成本下降，三维人脸识别逐步成为一条重要的发展路线。

第二节　三维人脸识别

在过去的几十年中，人脸识别技术已经取得了许多重大进步和发展。在最近十年中涌现出许多非常有效的人脸识别系统。这些人脸识别系统中的绝大多数都可以在某些受控条件下获得 90% 甚至更高的人脸识别率（Torres，2004）。一般来说，人脸识别存在以下几个主要困难：一是如何克服光照条件变化的不利影响。光照条件和相机参数的改变都会导致人脸图像中面部皮肤纹理的数据变化，这通常会大大降低人脸识别的性能。二是头部的姿态和脸部朝向的变化也会严重影响人脸识别的准确性。特别是在二维的人脸图像数据中，严重的头部或者人脸姿态旋转和偏转甚至会遮挡人脸的某些区域，这也就意味着会导致部分人脸图像数据的缺失。三是人脸的表情变化带来的识别误差也是人脸识别中需要应对的另外一个重要挑战。当人的面部产生不同的表情时，人脸的外观和外貌会发生变形从而导致人脸图像数据出现显著变化及差异。四是年龄老化（Aging）因素导致人脸发生变化的现象也是需要关注的会导致人脸识别率降低的问题。人类的面部外观会随年龄增长和衰老以及发育产生一些变化，尤其是间隔很多年之后。五是眼镜、围巾、胡须、帽子等引起的脸部遮挡问题也是需要注意的影响人脸识别的另外一些挑战。

目前已经有许多分别处理二维或三维人脸数据的人脸识别方法。一些研究人员甚至还将二维和三维人脸信息结合在一起以实现人脸识别。随着越来越多的三维人脸图像数据可获使用，近年来出现了更多的关注和侧重三维数据的人脸识别方法与技术。这主要是因为三维人脸识别在处理照明、光照条件变化和人脸姿态变化问题方面相对二维人脸识别具有更大的优势。例如，三维物体的曲面形状不会因不同照明条件而发生任何改变。因此，如果完全不使用纹理、灰度等容易受光照条件变化影响的二维图像信息，则三维人脸识别就不会存在因照明条件变化导致识别率降低的问题。另外，与二维人脸识别中存在严重的二维姿势因角度等发生遮挡导致数据缺失不同，不同头部姿态的三维人脸数据理论上不存在信息和数据丢失。但是，纯粹的基于三维图像数据的人脸识别（完全不使用二维纹理、灰度数据）仍然存在一些挑战和困难。最具挑战性的一个难题就是如何处理严重影响人脸识别过程的面部表情变化问题，因为诸如笑声、愤怒和哭泣之类的表情会生成差异很大的三维人脸曲面形状。

三维人脸识别最初基本上是从几何特征方法延伸发展而来的，出发点是希望利用三维的人脸识别处理技术，解决传统二维照片识别中因为人脸的姿态变化、光照变化等对识别造成的干扰问题，在三维的基础上进行特征的提取和识别将有更为丰富灵活详尽的信息可以利用。三维数据获取已经成为可能（如三维激光扫描技术、CT 成像技术、结构光方法等），使图形技术得到了应用的可能，可以完成人脸三维面貌数据获取。

在合成特定人的头部模型时，需要一个基本的头部模型，该模型是一个通用的模型，特定人的模型都可以通过对该模型的修改得到。人类面部特征的位置、分布基本上是一样的，因而特定人脸的模型可以通过对一个原始模型中的特征和其他一些网络点位置进行自动或交互调整而得到。系统的内部有一个原始的人头模型，以后所有特定模型的建立都是基于这个原始模型。

基于三维模型的识别方法是未来对人进行识别的方向，因为在三维模型中，可以对人的头部从任意角度获得信息，具有良好的抗干扰能力，该方法的重点和难点是如何建立人脸三维模型以及如何在模型之间实现匹配。早期的图像目标识别技术采用基于模型的方法，这种方法需要以目标对象的三维模型作为系统的输入，由于图像中通常存在遮挡、背景干扰以及光照条件的变化等问题，目标三维模型的建立是一个难点。所以此类方法通常在图像、数据背景比较纯净的情况和场景下可以取得比较好的实验结果。

随着这些年三维数据采集设备的快速发展，近几十年来出现了越来越多的三维人脸数据可供研究使用。一些研究人员将具有三维图像信息的数据分类为 2.5 维和三维图像数据（Abate et al.，2007）。2.5 维人脸图像仅由代表人脸的三维曲面的一组三维点组成，代表深度的 z 值存储在 xoy 平面中的每个像素中。另外，三维人脸图像的获取一般是通过从不同角度进行扫描来获取覆盖整个头部的三维空间位置数据。由于两者的差别主要在于如何采集和处理代表深度的 z 值，因此在本书中这些 2.5 维与三维的细微区别将被忽略。在本书中所有三维人脸图像都被视为一个三维点（x，y，z）的点云集合。一个纯粹的三维图像可以视为一个深度图像，而二维图像称为灰度图像。2004 年，徐等学者针对灰度图像和深度图像的识别能力进行了比较研究（Xu et al.，2004）。他们得出结论指出深度图像的人脸识别的性能受光照度的影响比灰度图像要小得多。徐等学者的研究分析工作为三维图像提供了重要依据，说明三维人脸识别在处理照明条件变化难点方面比二维人脸识别更具有优势。二维人脸图像、三维人脸图像（深度人脸图像和人脸点云）的示例如图 1－1 和图 1－2 所示。

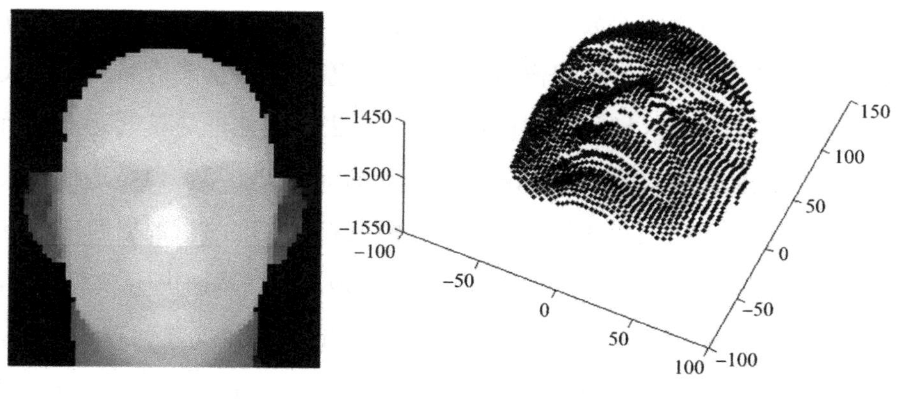

图1-1　二维人脸图像灰度图

图1-2　三维人脸图像数据（三维空间坐标系中的点阵云）

第三节　研究目标和驱动

在构建和实现一套实用的全自动三维人脸识别系统的过程中，人脸图像数据的质量问题是一个需要极度关注的因素。虽然这个问题很多时候被许多研究人员无视或者忽略，但是良好的人脸图像质量（包括噪声、干扰因素甚至人脸的姿态是否统一），会极大地影响最终的人脸识别的性能。在大多数三维人脸数据库中，三维图像所代表的空间位置数据是通过某种扫描设备获取的，如FRGC三维人脸图像数据库中所使用的激光阵列扫描仪（Phillips et al.，2005）。扫描设备获得的人脸图像数据绝大部分时间并不仅限于被采集对象个人的主要面部区域。由于受扫描采集三维人脸图像数据的环境条件制约，导致获得的三维人脸图像数据中有很大概率会存在额外的头发、衣服和身体其他部位（如肩膀）的三维曲面数据以及各种各样的噪声、噪点干扰，这些额外的数据和噪声干扰都会明显降低三维人脸图像的数据品质。为了减少这些干扰人脸图像数据质量的不利因素，人脸的主要面部区域必须首先被精确地检测和定位出来，从而可以对获得的图像数据进行筛检和精简。对于人脸区域的检测，以前的思路是尝试使用二维图像的色彩、灰度等纹理信息来检测并找到人脸然后以此为人脸区域的具体位置，进一步去除其他不必要的元素从而保留相对应的三维人脸图像数据（Segundo et al.，2007）。但是这种方法的先决条件是每张人脸图像数据中的二维色彩、灰度图像数据和三维空间位置数据必须完全在统一的坐标系中精准地对齐。然而由于二维色彩、灰度图像数据获取设备与三维图像扫描设备的响应速度之间存在差异，再加上其他环境因素的限制和影响，被采集数据的对象个人在被扫描和采集数据的过程中很难保证绝对的姿态静止。因此二维色彩、灰度图像数据有相当高的比例会与三维空间数据存在一定的误差和错位，有时候两者之间的误差错位会相当显著。在几乎所有包含三维数据的人脸图像数据库中都没有实现百分之百完全精确的二维与三维数据的对齐。因此这种利用二维人脸检测来获取准确三维人脸图像数据的方法只存在于理论研究中，在实际的应用中会导致相当多的人脸检测失误，因此并不是十分适用。另外一种检测查找定位人脸的思路是通过使用纯粹的三维数据来定位诸如鼻子、眼睛、嘴等人脸上的各种器官和特征（Colombo et al.，2006；Bevilacqua et al.，2008；Conde et al.，2005；Xu et al.，2006；Romero et al.，2008；Q. Ju，2009）。当然这种方法依赖于对这些人脸器官或者特征的检测识别率。不过随着识别人脸器官和特征的相关技术的不断发展与进步，这种方法越来越成为实际上可行的检测人脸的技术方案。

在三维人脸识别中，还有一个需要解决的重要难题是如何处理人脸的姿势变化造成的识别率下降的问题。目前已经出现不少相关的技术和方法在一定程度上试图解决此问题。从实际效果上来看，当前相对较为可行及被广泛使用的解决方案是基于迭代最近点算法（ICP）技术的人脸配准对齐方法（Besl et al.，1992）。与二维人脸识别中使用的色彩、灰度等纹理信息不同，一个纯粹的三维人脸图像通常是一组三维点云（point cloud）来表达人脸各个位置在三维坐标系下的 x、y、z 空间位置信息。考虑这些代表人脸数据的三维点云的分辨率、姿态旋转及点分布密度的差异，直接比较和对比代表两个人脸曲面的三维点云非常不方便，以至于在实际应用中技术上是行不通的。这些人脸曲面点云（point cloud）所提供的三维空间位置信息必须转换为方便对比和匹配比较的其他数据形式，才有可能方便地用来测量和比较两个人脸外貌的相似程度和差异。此外，由于三维人脸依然会存在表情变化，这就要求三维人脸识别方法具备提取具有不同表情却属于同一个对象的人脸图像之间具有共性的特征和外貌表现的能力。总之，一个以实际应用为目的和目标的三维人脸识别系统应该至少完成以下三个功能和任务。

1. 人脸特征提取并且精准定位和检测人脸区域（从粗糙的原始数据中提取人脸主要区域）。

2. 异常准确的人脸姿态校正（将人脸姿态归一化）。

3. 人脸识别能够应对处理表情变化带来的不利因素（消除和降低人脸表情变化的影响）。

一个完全自动实现（避免人工标识或者手动识别）三维人脸识别的系统必须在这三个功能中都达到极高的性能，包括识别、检测精度。人脸检测中任何不正确的结果都会影响人脸姿态校正的性能，而人脸姿态校正的错误和误差也会进一步扩大人脸识别阶段的不准确性。因此本书的最终目的是从理论与算法上设计和实现一种能够全自动进行的人脸识别系统的技术框架，该系统包括准确的三维人脸区域检测、高精度的三维人脸姿态校正、高效快速的三维人脸精确识别方法。实现和设计这样一个系统以及技术框架的同时还应解答以下几个具体问题。

1. 即使在表情变化的情况下，基于人脸特征提取的三维人脸区域检测（如鼻子检测）的可靠性如何？

2. 如何在表情变化下实现三维人脸姿态校正？

3. 如何评估三维人脸姿态校正的结果和性能？

4. 人脸表情如何影响三维人脸识别的结果?

5. 三维人脸识别的计算效率是多少?

在本书后面的章节中，首先我们将回顾现有的经典二维人脸识别算法，并将研究和探讨许多最新的三维人脸识别技术。随后，提出并实现一种全新的自动三维人脸识别方法的技术框架，该方法具体包括以下功能部分：鼻尖检测、三维人脸检测技术、三维人脸姿态校正算法、三维人脸识别算法。在鼻尖检测中，提出了一种基于三维曲面形状描述符的极其准确的三维人脸特征定位方法，该方法使用 k-最近邻居高级不确定推理体系结构（advanced uncertain reasoning architecture，AURA）算法在三维人脸图像中检测鼻尖的位置，准确率达到了 99.96%。然后根据鼻尖位置检测定位的结果，找到并修剪出主要的人脸区域，从而实现三维人脸图像数据的精炼和提纯。之后紧接着实现了包含应用迭代最近点算法（ICP）等多种手段和技术的三维人脸姿态集成综合校正功能，即使在不同人脸表情下也可以通过使用多种方法实现纠正人脸姿势的变化。与单纯基于迭代最近点算法（ICP）的最新三维人脸校正技术相比，我们的方法在对无表情变化三维人脸图像和有表情变化三维人脸图像两种难度的数据集评估中均实现了最佳的性能。完成了上述任务之后，利用上述三维人脸检测和三维人脸姿态校正任务的结果，我们最终实现了一种创新性的高性能三维人脸识别综合算法，该方法在以 FRGC v2 三维人脸数据库为基础的实验中获得了 97.63% 的人脸识别率，达到了世界领先的性能。

第四节 小 结

本书各章的内容概述如下。

在第二章中对人脸识别方法进行详细的文献回顾和综述。文献综述中包括了二维和三维人脸的经典和最新的人脸识别技术。第二章还介绍了当前的三维人脸数据库以及性能评估方法、迭代最近点算法（ICP）等内容。

在第三章中则提出了一种基于三维曲面形状描述符的三维人脸特征提取算法。同时还提出并实际比较了两个三维曲面形状描述符的优劣。最后通过使用 Knn – CMM 算法来定位鼻尖和内眼眦（Canthi 内侧眼角点），并分析和讨论了实验结果。在实现鼻尖精确定位的基础上，可以用来检测并修剪主要人脸区域以用于随后的任务。

在第四章中，结合了包括主成分分析（PCA）、迭代最近点算法（ICP）和基于对称人脸特征的人脸姿态校正方法，实现了精确的人脸数据对齐。所有人脸数据均根据标准人脸姿势进行校正和对齐。

第五章基于第三章设计的三维曲面形状描述符的基础上创新性地提出并实现了一种快速高效的三维人脸识别算法。根据人脸受表情变化影响的程度对人脸区域进行划分和分割。然后在相应的人脸区域之间的匹配过程中，把相对于人脸表情变化具有不同影响的每个点的权重应用到匹配中。分别执行人脸识别中的人脸验证和人脸鉴别的实验，并对实验结果进行分析和讨论。

在第六章中，将对本书所使用的所有三维人脸识别系统和技术所取得的进展以及所做出的贡献进行进一步分析讨论，并探讨了未来的可能改进之处和进一步的研究方向。

人脸识别的研究背景与文献回顾

第一节 引　言

人脸识别是生物识别技术中的一个非常重要的方向。模式识别、机器学习、计算机视觉和图像处理技术都深度参与到人脸识别的研究与应用中。布莱索（Bledsoe，1964）首先于1964年进行了人脸识别的第一项开创性研究。卡内德（Kanade，1977）在1977年研发了第一套自动人脸识别系统。在当时人脸识别刚起步的阶段，绝大多数人脸识别方法都是使用二维人脸图像数据，主要分析二维图像的颜色或灰度信息来计算人脸之间的差异以及相似的程度。根据这些早期的人脸识别研究结果，在受控理想条件下，二维人脸图像的识别率可以差不多达到和超过90%（Abate et al.，2007）。但是，随着头部、人脸姿态方向、照明、光照条件、人脸表情发生改变和变化，二维人脸识别系统的性能将会随着这些条件的变化而明显下降。而三维人脸识别由于具有更好地处理其中一些问题的能力（主要在应对照明、光照条件变化问题上），因此相对于二维人脸识别方法具有一定的优势。在本章中，我们将回顾和介绍相关的研究和方向，基本涵盖经典的以及最新的人脸识别研究技术和方法。

第二节　二维人脸识别算法

典型的二维人脸识别方法大致可分为基于外观（appearance-based）的算法和基于模型（model-based）的算法两种类型。基于外观的人脸识别算法依赖于图像数据的基本外观表达，例如图像数据的向量空间结构等，从而实现人脸的识别。而基于模型的方法则是利用由人脸的特征元素和面部器官及其组成关系构建的模型（Lu，2003）。

一、基于外观的人脸识别

如果对计算机图形或者图形对象的识别是基于使用向量空间结构数据表达的整个图像表现或者外观，则称为基于外观或基于视图的识别（Lu，2003）。基于视图的方法的根本思路是把一幅图像视为一个向量，则一幅图像可以被理解为高维向量空间中的一个点，图像中像素的值可以被直接使用。一组图像还可以组成一个图像矢量空间，该空间可以被表示为$X=(x_1,x_2,\cdots,x_n)^T$，而x_1表示一幅分辨率为$p \times q$的图像，n是训练组中所有图像的总数；X是图像向量的矩阵，也称为图像空间可以表达为一个$p \times q \times n$的数据矩阵。图 2－1 是一个图像空间的简单示意，该图像空间中的图像是两像素的灰度位图图像。显然，具有相似灰度像素值的图像彼此位置较为接近，否则它们的位置将彼此远离。这就意味着，寻找识别两个相似的图像，只需要测量它们在图像空间中的距离。两张图像在图像空间中距离越近，说明两者的相似程度越高。

图 2－1 为三幅各自只有两个像素点的图像，以及它们在一个图像空间中的位置。

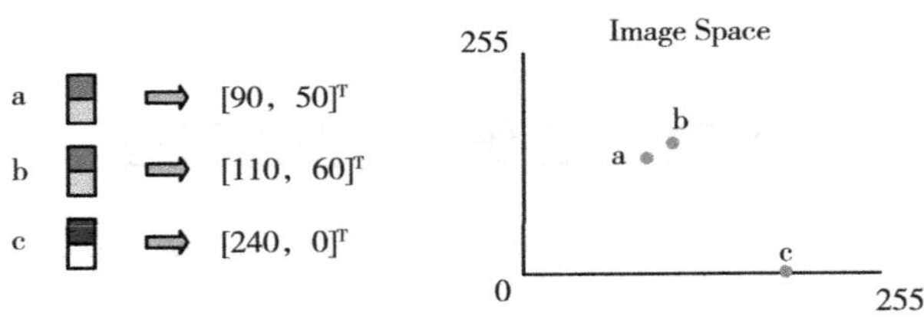

图 2－1　图像空间示意

基于外观的人脸识别可以继续细分为线性分析（linear analysis）和非线性分析（non-linear analysis）两个分支。基于线性外观的经典分析包括主成分分析（principal component analysis，PCA）、独立成分分析（independent component analysis，ICA）以及线性判断分析（linear discriminant analysis，LDA），其中的每一种方法都有自己所定义的高维人脸图像空间的基础向量（Lu，2003）。这些方法都具有一个共同点：都是通过使用这些线性分析方法，可以将人脸图像作为数据向量投影转换到基本向量。通过从较高维度的输入图像空间投影到较低维度的图像空间，从而减小了原始输入图像的空间维度。当匹配被对比查询的目标人脸图像和已知的训练人脸图像的时候，可以通过计算它们的投影向量之间的差异来获得两者之间的相似度分值。与最小图像空间距离相对应的相似度得分越高，也就意味着这两个人脸图像更相似。

主成分分析的主要思想是找到最能描述或者代表人脸图像在整个图像空间中的分布情况的某些关键向量，从而发现人脸图像之间的相似度（Turk et al.，1991）。主成分分析是描述像素的坐标系的一种正交变换。主成分分析的目的是提取和找到方差最大的子空间。主成分分析通过将新图像投影到被特征脸（eigenface）横跨或者均匀分布的人脸空间（face space）的子空间中，然后通过将人脸图像在人脸空间中的位置与已知个体的位置进行比较来对人脸图像进行分类和识别。人脸空间由特征脸组成，而特征脸是人脸集合的特征向量。从原始图像向量到另一个向量空间的投影可以视为一种线性变换。图 2 - 2 显示了一组二维点的主成分（principal component）。主成分提供了从二维（图 2 - 2a）到一维（图 2 - 2b）的最优的线性维度降低。在人脸识别中，每个点可以代表图像空间中的一幅人脸图像。通过应用主成分分析减少维度，可以在较低维度的人脸空间中更好地描述全部人脸图像的分布。

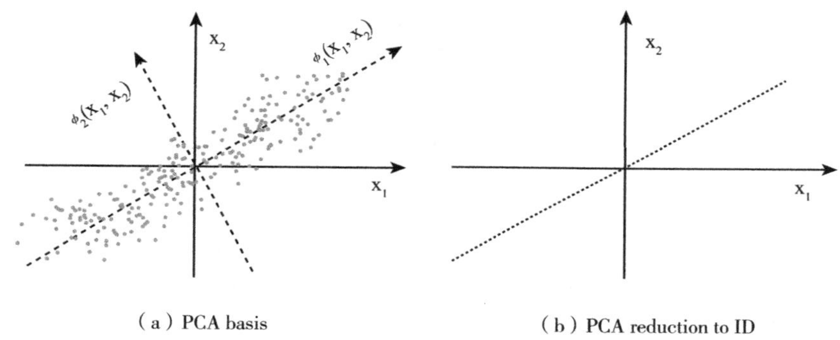

（a）PCA basis　　（b）PCA reduction to ID

图 2 - 2　一组二维点的主成分分析

如图 2 - 2 所示，是一组二维点的主成分以及线性转换降低维度（Shakhnarovich et al.，2011）分析。

不过，主成分分析仅仅提取了最具表现力的部分特征。但是这些特征未必与实际人脸识别存在必然的关联关系，因此仅仅使用主成分分析进行人脸识别获得的识别率或者识别性能不能满足实际应用的要求。为了提高人脸识别的性能，还应该需要额外的判别分析来助力。独立成分分析比主成分分析提供了更加优化和科学的数据表达（Hyvärinen，1999）。独立成分分析是主成分分析的一种概括或者泛化形式。但是不同的地方在于独立成分分析成分的分布被设计为非高斯分布（non-Gaussian）。主成分分析和独立成分分析之间的比较和对比如图 2 - 3 所示。独立成分分析的目的是寻求一种线性变换，这种变换可以最大程度地减少成分（component）之间的统计依赖关联。

图 2－3 为一个简单表现主成分分析和独立成分分析区别的示例。独立成分分析的人脸空间与主成分分析的不同。左下小图表现了一个主成分分析的分布，右下小图显示了更好表达数据内在分布的独立成分分析的人脸空间分布。

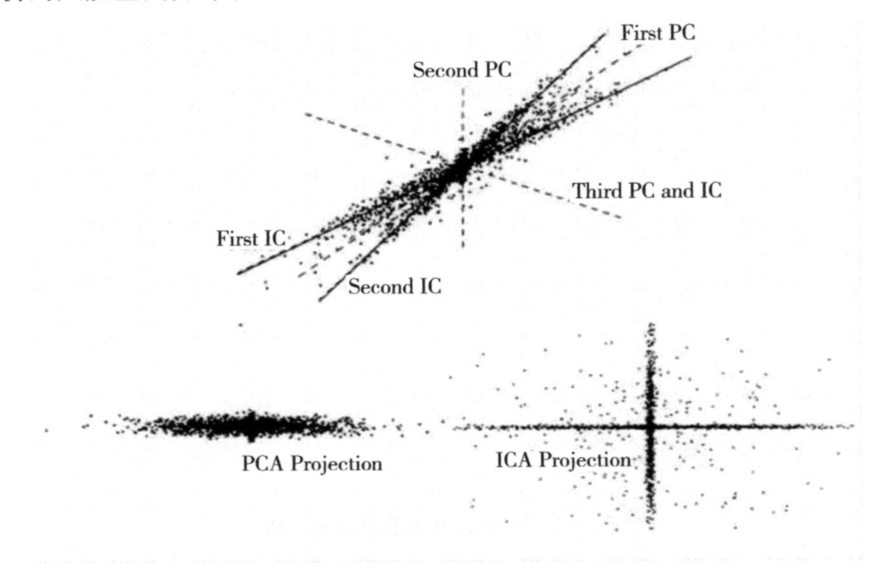

图 2－3　主成分分析和独立成分分析示例

使用主成分分析以及独立成分分析时，相似的图像的投影靠得很近，不相似的图像的投影离得很远，但是来自不同分类或者类别的图像的投影却可能会混合在一起。例如，女性和男性的人脸图像没有被明显区分开，并且此种类别信息也未在主成分分析和独立成分分析中被使用。贝吕默等（Belhumeur et al.，1997）提出了一种线性判别分析可以利用人脸类别信息（如性别、年龄、国籍等）来帮助进行人脸识别任务，而主成分分析或独立成分分析中并未能有效使用此类类别信息。线性判别分析能够最大化类间分布与类内分布的比率。这意味着线性判别分析方法的训练集可以利用每个人或者对象的多个图像来判断或者定义属于同类内部的不同人脸图像，而特征脸方法中每个人或者对象仅仅可以使用一个人脸图像。在分类过程中，线性判别分析可以使同一个人的全部图像之间的差异最小。这是线性判别分析方法相对于主成分分析和独立成分分析方法的主要优点。

线性判别分析方法主要是关注于人脸图像中多个像素点之间的线性关系。人脸图像中也可能存在一些非线性关系，如在视角、光照条件、人脸表情等因素的复杂变化下导致二维人脸图像发生改变的情况。为了提取人脸图像中的这些非线性特征，线性分析方法可以扩展到非线性分析，如 Kernel PCA、Kernel ICA 和 Kernel LDA 等。通过使用这些非线性分析方法，输入的原始图像空间被非线性地投影到了高维度特征空间。在这种高维度空间中，图像向量的分布可以由非线性模式变换或者被简化为线性模式。人脸图像的非线性映射比线性映射更为复杂，因此化非线性分析为线性分析可以极大地降低复杂度。图 2－4 显示了主成分分析和 Kernel PCA（KPCA）的一个示例。与常规主成分分析不同，Kernel PCA 使用的特征向量投影与原始输入向量相比其维度数量变得更多，但仍然可以使用投影或映射系数作为特征进行分类。但是需要注意的是，合适的内核（Kernel）和相应参数仅仅凭经验确定（Lu，2003）。在杨（2001）的实验中，将传统的主成分分析、独立成分分析和线性判别分析方法与非线性分析方法进行了比较。基于两个基准数据库的实验结果表明，Kernel LDA 方法能够提取非线性特征，并为人脸识别提供了更有效的人脸图像特征表达方式，同时还降低了错误率。

图 2－4 所示，为线性转换主成分分析在输入空间（图 2－4 中（a）部分）中执行示例。Kernel PCA 使用高维映射，由于高维特征空间 F（图 2－4 中（b）部分）与输入空间非线性相关，通过 Φ 在主特征向量上恒定映射的轮廓线在输入空间中变为非线性。Kernel PCA 实际上并不执行映射到空间 F，但是通过使用输入空间（R^2）中的内核函数 k 执行所有必要的计算（Scholkopf et al.，1998）。

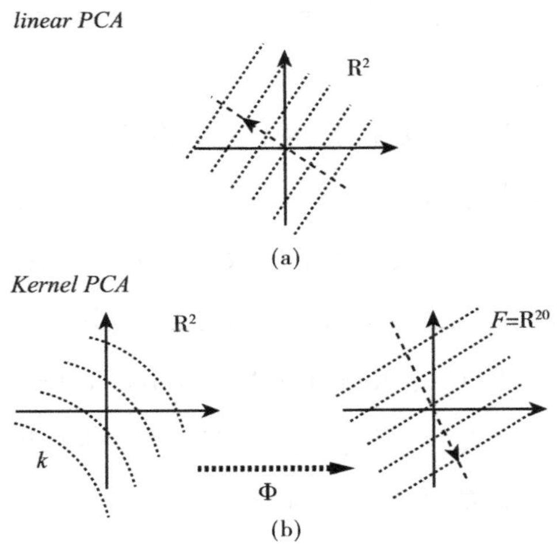

图 2－4　线性转换主成分分析（PCA）和 Kernel PCA 非线性转换

二、基于模型（model-based）的人脸识别

基于模型（model-based）的人脸识别方法的目的是产生一个代表或者表达人脸图像中人脸的形状变化的模型。基于模型的方法的一个显著优点是可以方便和充分地利用人脸的生物特征知识。例如，基于模型的方法可以基于特征或人脸内部器官元素（如眼睛、鼻子和嘴等器官）彼此的距离和相对位置，从而实现对人脸的识别。建立人脸模型的主要目的是试图消除属于同一个人和对象的不同人脸图像之间的差异，并强调和强化不同个人和对象之间人脸图像之间的差异。通常来说，基于模型的方法的第一步是构建包含人脸面部形状和纹理信息的人脸模型，然后将人脸模型应用于训练组中的人脸图像并进行拟合，最终得出比较测试的被对比查询的目标人脸和在数据库中已知的训练人脸的拟合模型参数之间的差异。

1973 年，卡内德（Kanade，1973）提出了一种最早使用自动特征提取的人脸识别算法。他通过用低通滤镜粗略扫描灰度图片，然后将这些特征与从已知人脸提取的特征进行比较，从而实现对正面视图中的眼睛和鼻孔的检测。1992 年，布鲁内利等（Brunelli et al.，1992）发表了一种使用 22 种人脸几何特征来识别人脸的系统，这些几何特征包括眉毛的粗细以及其垂直位置，鼻子的垂直位置和宽度，嘴部的垂直位置、宽度、高度，描述下巴形状的 11 个半径，两下颌角间宽、颧骨的宽度等。布鲁内利等的研究和实验结果证明了对人脸几何特征的识别是有效的。但是当需要识别的对象数量增加到很多时，它们区分人脸的能力在一定程度上会被减弱。这是因为这些数量有限的几何特征中没有能力提供足够的信息来分类数量巨大到一定程度的人脸图像数据集。

维斯科特等（Wiskott et al.，1997）开发了一种基于模型的人脸匹配系统，称为弹性束图匹配（elastic bunch graph matching）。由于人脸上的器官和普遍特征具有相似的拓扑结构，因此他们可以将已知类别的个体的方差加以分类。一张人脸可以根据点和边被构造为一个图（graph），称之为束图（bunch graph）。从一组已知的训练人脸图像中生成人脸束图（face bunch graph，FBG）。FBG 可以用作一组人脸的通用表示。为了处理头部姿态和人脸方向变化问题，从而生成了各种人脸朝向的不同角度的束图。为了在进行查询的目标人脸图像和训练集中的其他人脸图像之间执行图匹配（graph match），可以通过适配人脸束图以适合被查询的目标人脸图像来生成人脸图（image graphs）。人脸束图被缩放和扭曲从而实现该图和 FBG 之间的相似性的最大化。然后通过比较该人脸图与存储在 FBG 中的每个人脸图之间的相似度，进而来识别出这个被查询的人脸。

1998 年，库特斯等（Cootes et al.，2000）引入了可变形的人脸模型——灵活外观模型（active appearance model，AAM）。这是一种二维统计模型，用于捕获从完全侧面到正面的人脸形状及外观的各种变化。通过找到此人脸图像与合成人脸模型之间最小化差异的模型参数，可以快速匹配任何新的人脸图像。灵活外观模型具有潜在的能力通过找到最佳拟合模型来估计目标人脸图像的头部姿势，从而根据新的人脸图像的相似姿势中产生新的人脸视图。这些模型是基于一组标记图像来构建的，在每个示例人脸图像上的关键位置都做了标记点，用以描述各种人脸特征。一组人脸模型专门用于从不同角度描述头部姿态方向的变化。当开始匹配头部方位未知的新人脸图像时，可以通过搜索这些模型中的每一个模型来确定最佳的人脸或者头部姿态匹配，从而估计和决定这个新人脸的头部姿态。

第三节　三维人脸识别技术和方法

二维人脸识别方法依靠使用灰度或彩色二维图像执行人脸的识别。但是这些基于二维图像的方法在处理头部方向、姿态变化问题时有一些缺陷。例如，在前一节介绍的弹性束图匹配的系统中，系统要求匹配过程中涉及的两个图像处于近似的头部姿势。如果无法实现这一点，匹配了不同视点的两个图像，则会发现识别率出现了降低。二维人脸识别系统的另一个弱点是照明、光照条件变化问题。照明条件的变化也会改变人脸的纹理信息，因此可能会导致二维人脸识别方法的性能很差。

由于人脸表面从根本上来说是现实中的三维曲面，因此与二维人脸图像相比，使用三维人脸图像描述人脸的形态能够捕获更多细节（如完整的深度信息）。此外，三维的曲面和形状（无需使用二维图像数据即可独立获得）不会受到光照条件变化的影响。因此，如果能够可靠且精确地获取三维图像，则可以利用三维空间深度或形状信息提供不受姿势变化影响的信息。这就会降低纹理数据的重要性，也就意味着如果不使用纹理信息，则可以减少甚至消除不同光照条件带来的对识别性能的负面影响。二维人脸图像由于严重的头部旋转会造成被遮挡和丢失部分人脸细节，而三维人脸图像则包含人脸的所有形状和数据，任何姿势变化都不会导致三维曲面的丢失或者被遮挡。头部姿势问题因而可以通过分析三维图像来解决，因为三维图像包含了任何旋转方向上的全部完整数据和信息。同时，第三维的额外信息可能会加强不同对象的人脸形态之间的区别，因为三维图像有可能提供了额外的区分度和差异。所以与二维图像为基础的人脸识别相比，三维人脸识别预期在处理头部姿势变化和照明光照变化问题方面将具有更大的优势。

一、基于二维人脸识别算法的三维人脸识别方法

主成分分析是二维人脸识别中被广泛使用的一种算法，用于减少图像数据的维度和对人脸进行分类。赫瑟等（Hesher et al.，2003）首先把主成分分析算法扩展到三维人脸识别。在他们的图库数据集中每个对象拥有多幅图像。这些三维人脸图像都是三维的点阵云。赫瑟等将主成分分析直接应用于这些点阵云。他们的实验性能表明，在一个具有人脸表情变化的小型数据集上，其识别率为100%。党等（Chang et al.，2003）在三维人脸识别中进行了主成分分析的另一项研究。他们将主成分分析应用于灰度（二维）和深度（三维）人脸图像，然后将两个结果相互融合。在一个具有275个对象的稍大的数据库上实施了实验。人脸灰度图像的识别率为89.5%，而人脸深度图像的实验达到92.8%的识别率。融合结果后，识别率则提高到了98.8%。赫塞尔廷等（Heseltine et al.，2004）提出了一种方法在卷积核和距离度量创建的人脸曲面上使用主成分分析方法。在他的实验中，基于约克大学三维人脸数据库，识别率达到87.3%。赫塞尔廷等（2004）介绍的另一种方法使用fisherface算法（同样基于主成分分析算法）获得了88.7%的识别率。库克等（Cook et al.，2006）提出了一种使用Log-Gabor滤波器的三维人脸识别系统。人脸图像被分为许多正方形区域和一些子区域。将主成分分析算法应用于每个人脸的各个区域和子区域的

各种过滤器响应，可以提取出来一个包括147个特征的集合。然后计算和测量两个特征集合的马氏余弦距离（mahalanobis-cosine distance）来匹配人脸。实验是在FRGC v2人脸数据库上进行的，取得了rank-one鉴别率（rank-one identification）为96.2%、FAR为0.1%时的人脸验证率为92.3%的结果。

卡尔图等（Cartoux et al.，1989）基于主曲率分割人脸的人脸图像并找到人脸的双边对称平面。他们使用该平面对人脸的各种姿势变化进行归一化，并使用该方法基于人脸的平面对称性来匹配人脸的侧面轮廓。他们在一个小型人脸数据库上进行的实验得到的识别率为100%。纳加明等（Nagamine et al.，1992）定位了人脸上的五个特征点，然后利用这些特征点对头部姿态进行了标准化调整，并使用穿过人脸中心部分的垂直侧面轮廓匹配数据库中的人脸数据。贝尤米尔等（Beumier et al.，2000）建立了一个使用二维和三维中的人脸图像的正面与侧面轮廓对人脸进行分类的系统。根据加权和规则合并计算出最终相似度比较结果，把二维和三维中的相似性得分加以融合。

二维人脸可变形模型的识别方法也可以进行相似改进，并将其应用于三维人脸模型。二维人脸模型分别表示人脸模型的形状和纹理参数。但是，只有这些信息中的一部分才能起到人脸的区分作用，特别是在成像条件变化下（如头部姿势变换、照明/光照条件变换）。因此布兰斯等（Blanz et al.，1999，2002）建立了基于三维人脸的可变形统计模型进行匹配人脸的识别系统，作为一种二维可变形人脸模型的扩展。该系统的一个主要目标是将人脸的内在模型参数与外在成像参数分开。在模型匹配的过程中，对形状和纹理系数以及其他渲染参数（如姿势角度、头部位置、姿态、大小、照明的色彩和灰度等）进行了优化。人脸的相似度可以被视为代表两个人脸图像的模型系数之间的差异，如可以计算各个子区域的形状和纹理的马氏距离（mahalanobis distances）之和。他们声称在CMU－PIE三维人脸数据库（Sim et al.，2003）上的识别率为95%，在 FERET 人脸数据集（Phillips et al.，2000）上的识别率为 95.9%。卢等（Lu et al.，2004）提出了一种使用三维模型产生几种不同二维图像的方法，用三维人脸模型合成具有不同姿势、照明和表情的二维图像。他们使用一个包含有 10 个对象的数据库来合成 220 张图像（每个对象/人有 22 张图像），这些图像具有姿势、表情和照度的变化。他们声称识别率为 85%，优于使用同一数据库的基于主成分分析的算法。然而不幸的是，他们实验中使用的过少数量的人脸图像和对象数量降低了该方法的可信程度。布兰斯等（Blanz et al.）及卢等（Lu et al.）都使用了三维人脸图像模型合成的各种二维人脸图像，并将经典方法应用于二维人脸识别，以克服姿势、照明和表情变化的问题。但是，依然存在一些问题有待解答（Abate et al.，2007）：这种合成的二维人脸图像具有多少实际人脸的还原度和逼真度？能实现多高的识别准确性？

除了深度图像（depth image）之外，纹理或颜色信息也可以用于三维人脸识别。扎拉卡尼杜等（Tsalakanidou et al.，2005）同时利用颜色和深度信息来建立一种多模式人脸识别系统。他们首先通过使用深度和亮度信息来定位人脸。通过将嵌入的隐马尔可夫模型（hidden markov models，EHMM）应用于深度和颜色信息来执行人脸识别。彩色和深度图像的结果相互结合最终产生 91.67% 的人脸识别率。徐等（Xu et al.，2009）提出了一种新颖的系统，通过使用从深度和灰度信息中提取的 Gabor 小波来描述局部特征。基于嵌入在线性判断分析中的创新性的多层次选择方案和 AdaBoost learning 来选择最有效的特征，从而构建非常有效的分类器。他们的实验是基于 FRGC v2 人脸数据库和 CASIA 3D 人脸数据库进行的，获得了在“neutral vs all”实验中的人脸验证率为 97.5%。

二、使用形状分析的三维人脸识别

某些先前介绍和讨论的三维人脸识别方法使用了二维图像的纹理信

息，这将带来照明变化问题。一些方法仅使用了三维图像的部分信息，这可能会导致丢失一些有用和有价值的信息。这些都是上述方法存在的主要问题。为避免这些问题，另一种可行的方法是将三维图像的空间信息转换为其他形式的数据表示或通过使用形状描述符描述三维的曲面形状。

王等（Wang et al.，2002）使用三维图像中的点签名实现了多模三维人脸识别。他们还将三维功能与使用 Gabor 滤镜产生的二维功能一起使用。在实验中使用支持向量机（support vector machines，SVM）用于分类，取得了 90% 的人脸鉴别率。布朗斯坦等（Bronstein et al.，2007）通过使用等距变换方法分析了三维人脸图像数据。他们使用弯曲不变的规范表示法来克服表达问题，并且通过应用等距变换来对人脸表情建模。二维纹理图像信息也被展平并映射到规范图像。他们的实验结果仅显示一些示例，并没有报告任何识别率。

米安等（Mian et al.，2005）提出了一种张量匹配的与姿态无关的三维人脸识别系统。他们定义了一个 $15 \times 15 \times 15$ 三维网格，用于裁剪三维人脸图像。与网格的每个单元格相交的区域的表面积可以记录为一个三阶张量。张量的每个元素都是与该张量元素相对应的单元格相交的区域的表面积。然后通过计算两个张量之间的线性相关系数，得以测量和计算两个人脸之间的相似度得分。他们对 277 名受试者组成的人脸数据库进行测试，取得了 86.4% 的识别率。米安等的方法存在的主要问题在于，它对未校正的人脸很敏感，此外他们也没有考虑如何解决表情变化导致的麻烦和问题。

约翰逊等（Johnson et al.，1999）在 1999 年首次引入了自旋图像（spin image）来描述三维形状，然后将其用于识别三维对象。他们使用一个曲面网格顶点的三维位置和顶点处的表面法线在曲面顶点处定义了一个定向点。然后通过将平面拟合到连接到顶点的点来计算顶点的表面法线。根据该定向点定义了两个圆柱坐标：径向坐标 α 定义为通过表面法线的直线的垂直距离；仰角坐标β定义为到顶点法线和位置定义的切线的有符号垂直距离。为所有顶点计算α和β后，由α和β索引的容器在累加器中递增，所得的累加器可以视为一个图像。Wang 等（Wang et al.，2004）使用球形自旋图像（Sphere-Spin-Image，SSI）技术来描述局部三维曲面形状。球形自旋图像的主要思想是将球体内的三维点映射到二维直方图。他们使用一系列点来生成一组球形自旋图像直方图来表示一张人脸。通过使用简单的相关系数来测量不同球形自旋图像集之间的相似性。他们在 31 个模型上进行的实验得到的识别率为 91.68%。孔德等（Conde et al.，2005）、罗德里格斯（Rodriguez）和卡贝洛（Cabello）也利用旋转图像来实现特征点选择，以便找到鼻尖（nose tip）和内侧眼眦（canthi）。随后他们又使用这些特征点对人脸进行归一化处理以创建深度图像。通过分析深度图的线性关系来进行人脸验证实验。他们在以 FRAV3D 数据库为基础的实验中取得了 2.59% 均等错误率（equal error rate，EER）。自旋图像方法的主要问题在于，它需要精确的特征点定位才能将所选定向点的位置固定为创建自旋图像的原点。自旋图像可以视为从三维到二维的投影，这可能会丢失一些信息。

1986 年，贝塞尔等（Besl et al.）提出了一种不变的外表特征方法来识别三维对象和物体。他们使用两个基本的二阶外表特征分别表示外部和内表面几何形状，来描述三维曲面的形状并捕获独立的外表形状信息。田中等（Tanaka et al.，1998）使用基于最大和最小主曲率和方向的描述符来表示人脸的三维形状，然后将描述符映射到称为扩展高斯图像（extended gaussian image，EGI）的两个球体上。他们使用 Fisher 球面近似法测量扩展高斯图像之间的相似度。在实验中，该方法在小型人脸数据库上取得了 100% 的识别率。然而，斯坦因等（Stein et al.，1991）指出曲率的计算需要比切线更高阶的导数，这意味着基于曲率表达的信噪比比基于切线方案的信噪比要低。

贝塞尔等（1992）率先提出了迭代最近点算法（iterative closest point，ICP）。迭代最近点算法是一种广泛用于将目标图像中的点拟合到标准模型中的点的方法。通过最小化对应点的平方误差之和，从而实现将各组目标点与模型对齐。首先，估算两个图像的位置和重叠，随后基于初始估计来计算并应用平移和旋转矩阵以达到最小化每对对应点之间的距离。迭代执行这样的变换过程，直到对应点之间的距离之和下降到特定的预设阈值之下。迭代最近点算法是一种非常有效的方法，可以减少和校正人脸登记中的各种人脸的姿态错误。同时，迭代最近点算法还可以用于匹配计算两个曲面之间的差异。本章后续小节中对于贝塞尔等的迭代最近点算法进行了详细介绍。

近年来，相关研究人员陆续发布了多个基于迭代最近点算法的人脸识别方法。卢等（Lu et al.，2004）实现了一种通过对局部最小和最大曲率进行分类来提取三维人脸图像中特征点的方法。他们在这些点上应用迭代最近点算法以对齐和校正三维人脸图像中的人脸姿态。通过使用迭代最近点算法关联的局部特征来匹配三维人脸图像。实验使用了一个包含 18 个对象的三维人脸数据库，总共有 113 个三维人脸图像的数据。实验得到的人脸鉴别率为 96.5%。在卢等（Lu et al.，2006）的另一项研究中，他们利用迭代最近点算法和线性判断分析来匹配由多个 2.5 维（深度图像）的人脸图像合成的三维模型。在一组基于各种姿势和表情变化的三维人脸图像数据的实验中，他们发现几乎所有的识别错误都是由表情变化引起的。在进一步的研究中，他们提出了可变形模型以匹配具有不同表情和姿势的 2.5 维人脸图像（Lu et al.，2006），每个表达式都有其合成的变形模板，可以使用这些模板把无表情的三维人脸图像转换和生成三维变形模型。然后再将迭代最近点算法应用于模型匹配。他们的实验结果表明，人脸识别中使用变形模型可以使识别率超过不使用变形模型获得的识别率。帕塞奥佐鲁等（Paratheodorou et al.，2004）也提出了一种人脸识别方法，将纹理信息（灰度和色彩数据）添加到迭代最近点算法中。通过测量三个空间尺寸值综合纹理信息组成的四维欧几里得距离（euclidean distance），可以生成和计算人脸之间的相似度。他们在实验报告中阐述，根据不同的头部朝向和表情，人脸的鉴别率从66.5%~100%不等。张等（Chang et al.，2006）通过使用一种称为自适应刚性多区域选择（adaptive rigid multi-region selection，ARMS）的方法将整个人脸分成若干个区域。他们把鼻子周围的区域当作不受表情影响的固定不变的区域。通过使用迭代最近点算法，这些区域与另一张人脸面孔中的相应区域实施匹配。匹配结果通过均方根误差（root mean square error，RMSE）进行评估。乘积规则（product rule）则应用于融合不同区域的相似性分数。在FRGC人脸数据库中对无表情的人脸图像进行的实验得到人脸鉴别率为97.1%。当使用具有多种表情变化的三维人脸图像数据，可以达到87.1%的人脸鉴别率。米安等（Mian et al.，2007）介绍了一种融合二维和三维人脸识别的方法。他们使用尺度不变特征变换（scale-invariant-feature transform，SIFT）提取二维图像中的局部特征，然后通过要素之间的欧式距离来衡量匹配与否。在三维人脸识别中，他们首先使用主成分分析姿势校正方法来对齐三维人脸。然后，将三维人脸分为鼻子区域和包括眼睛和前额的人脸上部区域。迭代最近点算法用于匹配相对应的几个不同区域。通过组合每种二维或三维匹配方法来产生总体相似性评分。卡卡迪亚里斯等（Kakadiaris et al.，2007）设计了一个自动三维人脸识别框架，创造一个带注释的人脸模型（annotated face model，AFM）用于处理表情变化。通过三种匹配对齐算法的组合将脸部图像与带注释的人脸模型对齐：自旋图像、迭代最近点算法和Z缓冲区上的模拟退火（simulated annealing，SA）。从得到的拟合模型中分别使用了两个小波变换——Pyramid和Haar进而生成变形图像。最后通过测量每种小波类型的距离度量来实现匹配。在基于FRGC v2三维人脸数据库的“first vs other”实验中得到97%的人脸鉴别率，在ROC Ⅲ实验中取得的验证率为97.0%。法尔特米尔等（Faltemier et al.，2008）建立了基于28个人脸区域进行匹配的三维人脸识别框架，在相应区域的匹配过程中应用迭代最近点算法。共识投票和Borda计数被用作综合不同匹配分数的融合方法。在FRGC v2数据库的实验中，他们声称获得了97.2%的人脸鉴别率和93.2%的人脸验证率。

奎伊罗洛等（Queirolo et al.，2010）使用与迭代最近点算法类似的思想提出了一种通过使用模拟退火和表面渗透测量（surface interpenetration measure，SIM）来执行三维人脸识别的框架。他们使用模拟退火SA算法来实现人脸配准和姿态校正，并利用表面渗透测量而不是均方根误差来测量两个三维曲面形状的差异。分别对包括全脸、上半部脸、鼻子区域和不受表情变化的区域在内的一组不同区域进行分割与匹配。然后再通过组合区域匹配的所有结果获得最终的相似度。他们声称使用FRGC v2数据库在“all vs all”实验中的人脸验证率为96.6%，在“first vs all”实验中的人脸鉴别率为98.4%，这是迄今为止基于FRGC v2数据库的最佳结果。

在基于纯粹的三维人脸图像的识别方法中，基于三维曲面形状匹配的几种算法均表现出了出色的性能，尤其是基于迭代最近点算法的一些方法（Chang et al.，2006；Mian et al.，2007；Kakadiaris et al.，2007；Faltemier et al.，2008；Queirolo et al.，2010）。然而在人脸识别中使用诸如基于迭代最近点算法或模拟退火表面渗透测量算法的三维曲面匹配算法是一项非常耗时的计算任务。特别是在人脸识别实验或实际的人脸识别系统中，通常需要进行数千次人脸之间的匹配计算。因而过高的计算成本也一定程度降低了此类三维人脸识别技术的实用化的可能。此外，迭代最近点算法及其变体以及模拟退火、表面渗透测量算法（Queirolo et al.，2010）也经常用于人脸登记和姿态校正阶段的任务中。在人脸姿态校正和人脸识别阶段，人脸上的三维点云被多次重复用于人脸匹配算法的计算中（Faltemier et al.，2008；Queirolo et al.，2010）。因此很有必要改进和升级人脸识别算法，以降低过高的计算成本。而且，三维人脸识别方法的实用性和可行与否取决于其能否处理至少两个关键问题的能力：（1）头部姿态变化；（2）表情变化。三维人脸识别实验结果的评估还必须考虑实验所用人脸数据库中包含有多少对象以及每个对象所属的图像的数量。一个数量上过少的数据集不足以令人信服地证明和评估一种人脸识别方法。

第四节 人脸数据库和性能评估

为了评估人脸识别系统的性能，一些通用评判原则和指标需要被建立起来。在大多数已发表的与人脸识别相关的论文中，一般有两种人脸识别场景：鉴别（identification）和验证（verification）。对于鉴别场景，最广泛使用的评估人脸识别系统性能的方法是给出被检测人脸和已知人脸之间的匹配程度以及相似度的排名，然后通过计算能够正确识别鉴别（在相似度得分上排第一）的数量，得出人脸的识别鉴别率（rank-one identification rate）。同时，不同等级 Rank 的识别鉴别率的计算还可以绘制累积匹配特征（cumulative match characteristic，CMC）曲线，如图 2－5 所示。对于人脸验证场景，有以下两种指标可以用于对象的识别和验证：错误接受率（false acceptance rate，FAR）、错误拒绝率（false rejection rate，FRR）。错误接受率是错误地接受不正确匹配的案例的百分比；错误拒绝率是系统错误地拒绝正确匹配的比率。式（2－1）和式（2－2）给出了如何分别计算错误接受率和错误拒绝率的方法。通常，在不同的错误接受率下会存在不同的验证率（verification rate，VR）（如式（2－3）所示），这样就可以创建一条 ROC（receiving operating characteristic）曲线（见图 2－6）以显示人脸识别系统的验证性能。

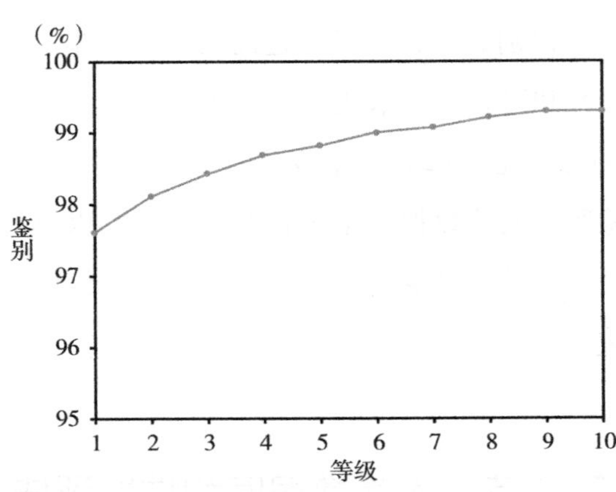

图 2-5 累积匹配特征曲线

$$\mathrm{FAR} = \frac{n}{N} \tag{2-1}$$

其中，n 是被错误地接受为正确匹配或者识别次数，而 N 是匹配/识别的总次数。

$$\mathrm{FRR} = \frac{m}{M} \tag{2-2}$$

其中，m 是错误拒绝正确匹配或者识别的次数，而 M 是匹配/识别总次数。

$$\mathrm{VR} = 1 - \mathrm{FRR} \tag{2-3}$$

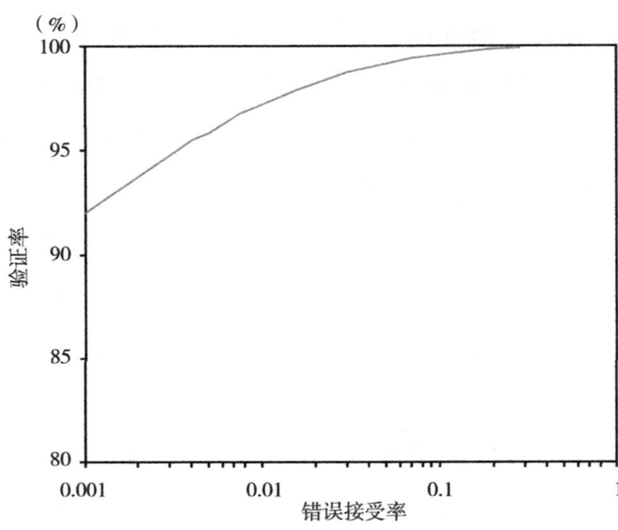

图 2-6 一个 ROC 曲线的示例

目前已知大概有超过 20 多个人脸数据库可用。需要特别指出的是，这些人脸数据库是为不同的人脸识别任务而构建和设计的。研究人员通常根据给定的任务（年龄变化、表情变化、照明/光照条件变化等）选择适合的人脸数据库。随着快速的三维数据采集设备变得更加便宜和可靠，越来越多的三维人脸数据库可供人脸识别研究人员选择和使用。三维人脸图像数据通常由激光扫描设备或三维相机获取。除了深度或三维信息外，某些数据库还可以获得纹理信息。表 2－1 列出了可供研究人员选择使用的各种三维人脸数据库的详细信息。

表 2－1　可获得和使用的三维人脸数据库

数据库	人数	图像数量	色彩	附加条件	是否免费
Xm2vtsdb	295	2/人	有	姿态	收费
3D RMA	120	3/人	无	姿态	免费
GavabDB	61	549	无	姿态、表情	免费
FRAV3D	106	16/人	有	姿态、光照	免费
BJUT－3D	500	500	有	无	免费
Univ. of York1	97	10/人	无	姿态、表情、光照	免费
Univ. of York2	350	15/人	无	姿态、表情	免费
Bosphorus	105	31～54/人	有	姿态、表情、光照	免费
FRGC v1	275	943	有	光照、姿态、表情	免费
FRGC v2	466	4007	有	光照、姿态、表情	免费

资料来源：Messer et al.，1999；Moreno et al.，2004；BJUT－3D；York1；Bosphorus；Phillips et al.，2005，2010，2000。

对所有算法进行基准测试和比较是一件非常困难的事情，因为研究人员可以任意选择适合自己研究需求的人脸数据库。对于相同的算法，由于评估标准的不同以及人脸图像数据资源的不同，实验所取得的人脸识别率可能会有所不同。因此，为了测试或比较不同的人脸识别系统和技术，就必须确定标准人脸数据库和统一的评估方法。人脸识别供应商测试（the face recognition vendor tests，FRVT）2006 遵循了已经进行过的五项人脸识别技术评估——其中三项是面部识别技术（the facial recognition technology，FERET）评估（1994 年、1995 年和 1996 年）以及另外两项 FRVT 2000 和 FRVT 2002（Phillips et al. ，2010；2000；Rizvi et al. ，1998）。在 FRVT 2006 中，采用了标准数据集和测试方法，以便对所有参与者进行公平的评估。测试数据和测试环境都将提供给所有的参与者。其测试环境称为生物特征实验环境（The Biometric Experimentation Environment，BEE)，通过简化测试数据管理、实验配置和结果处理，使实验人员可以专注于人脸识别的实验。最后进行的人脸识别大挑战（the face recognition grand challenge，FRGC）则进行各种新人脸识别技术的比较和评估，这也是 FRVT 2006 的目标之一（Phillips et al. ，2005）。FRGC 向公司、学术机构和研究机构的所有人脸识别研究人员以及开发人员全部开放。

在表 2 -1 中列出的三维人脸数据库中，人脸识别大挑战所使用的人脸数据库拥有最多的个体和人脸图像，其中还包括多种人脸姿势和人脸表情的变化。许多研究人员基于 FRGC 人脸数据库实施了他们的方法和实验（Cook et al. ，2006；Xu et al. ，2009；Chang et al. ，2006；Kakadiaris et al. ，2007；Faltemier et al. ，2008；Queirolo et al. ，2010）。基于便于评估比较的原因，本书中所有实验都是在 FRGC 3D 人脸数据库上进行的。FRGC 3D 人脸数据库的详细信息将在后续内容中加以详细介绍。

第五节　FRGC 三维人脸数据库

FRGC 三维人脸数据库（face recognition grand challenge 3D face database）包含相当大数量的对象和所属这些对象的三维人脸图像数据，这些三维人脸图像中有相当数量的人脸还具有姿势和表情的变化。FRGC 三维人脸数据库的人脸图像被分为人脸识别处理的训练和验证数据分区。在 2002 ~2003 年度中采集的三维人脸图像数据作为培训数据分区。在训练数据分区中，包含有两个数据集：静态图像数据集和三维图像数据集。其中三维图像训练数据集包含943张人脸图像。每张人脸有一个描述三维信息的三维数据通道文件和一个包含纹理信息的二维数据通道图像文件。验证分区中的人脸图像是分别在2003年的秋季和2004年的春季采集的。验证分区也称为FRGC v2人脸数据库。其中人脸图像的总数量为属于667个对象的4007张人脸图像。奎伊罗洛等（Queirolo et al.，2010）的研究报告中说，编号为04643的对象/个人实际上与编号为04783的对象是同一个人。因此，验证分区中的对象数为465个，而不是466个。表2-2显示了FRGC三维人脸数据库的详细信息。在FRGC v2人脸数据库中，每个对象拥有1~22张人脸图像。每个对象都会被采集几张表情各异的人脸图像，包括无表情、悲伤、快乐、生气、惊讶和故意鼓起脸颊的表情。人脸数据库中不同种族的大致比例分别为：亚洲占22%、白人占68%、其他种族占10%。FRGC v2人脸数据库的人脸数据中包含有57%的男性和43%的女性。被采集数据的受试者的年龄范围大致为：18~22岁（64%）、23~27岁（18%）和大于28岁（17%）。

表2-2　FRGC三维人脸图像数据库的详细信息

组	人脸图像数量（个）	人数（人）	数据集
训练	943	275	FRGC v1
验证	4007	466（465）	FRGC v2

FRGC三维人脸图像数据库中的三维人脸图像是在适合Vivid 900/910传感器（Phillips et al.，2005）的受控照明条件下拍摄的。Minolta Vivid 900/910系列是结构光传感器，可以按640×480的分辨率进行三维数据采样并同时记录采集图像的色彩信息。在人脸图像数据采集过程中，会要求被采集数据的受试者站立或坐在距离Minolta Vivid 900/910传感器设备大约1.5米的地方。在FRGC三维人脸图像数据库中，三维人脸图像包含有深度数据通道（三维）和纹理色彩数据通道（二维）。每个三维人脸

图像都包含有两个数据文件，分别存储二维和三维数据信息。Minolta Vivid 900/910 传感器设备是在采集三维数据通道后再进行纹理色彩等二维数据的采集，这一点可能会导致二维和三维数据通道之间存在一定错位而无法实现点对点对齐。二维数据通道文件是一个彩色图像文件，其中包含可移植像素图格式 Portable Pixel Map format（‘. ppm’）的 sRGB 值，这个二维图像的分辨率为 640 × 480。三维数据通道文件是一个‘. abs’数据文件，其中包含与二维图像文件中每个像素相对应的三维空间坐标系中的 x，y，z 值。三维数据通道文件的格式如图 2－7 中所示。开头两行是 x 和 y 方向上的分辨率。然后是描述标志信息的行，该标志信息表示哪些像素是有效的面部像素。当标志值为‘1’时，则相对应的像素点是有效像素点。在标志信息行之后，有三行包含 x，y，z 值。无效像素的值设置为‘－9999999’。

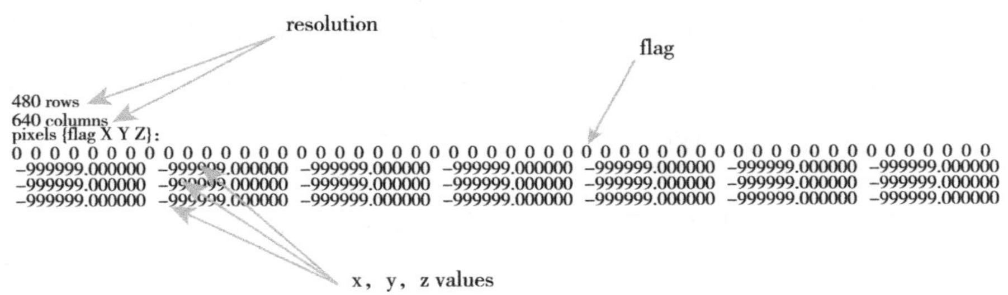

图 2－7　FRGC 三维人脸数据库中三维数据文件的格式

第六节　迭代最近点算法

迭代最近点算法（iterative closed point，ICP）的第一步也是最重要的一步是计算目标曲面中每个点到模型曲面中某个点之间的最近距离。两个点之间的距离用以下方程式表示：

$$D_{istance}(p1,p2)=\|p1-p2\| \tag{2-4}$$

可以定义 x_{p1}，y_{p1}，z_{p1}是点 p_1 的三维空间位置数据值，x_{p2}，y_{p2}，z_{p2}是点 p_2 的三维空间位置数据值。由这些三维空间位置数据可以计算出两点之间的距离。

给定目标曲面的点集合 T 中的点 t_j，t_j 到模型曲面的点集合 M 的欧几里得距离为：

$$D_{istance}(t_j, M) = \min_{i \in i, \cdots, n} D_{istance}(t_j, m_i) \quad (2-5)$$

其中，m_i 是一个在集合 M（$m_i \in M$）的点。

因此，如果我们在 M 中定义 $y \in M$，C 是最接近的点算子，而 Y 是到 M 的最接近点的集合，则使用上述等式（2-5），我们可以在模型曲面的点集合 M 中找到相应的最接近点：

$$Y = C(T, M) \quad (2-6a)$$

$$Y \subseteq M \quad (2-6b)$$

在计算出模型曲面中每个点的对应最接近点之后，给定 Y，我们可以计算路线：

$$(R_o, T_r, d) = \Phi(T, Y) \quad (2-7)$$

其中，R_o 是旋转矩阵，T_r 是平移矩阵，d 是 T 和 M 之间的误差距离。

当重复进行姿态调整和对齐后，T 将更新为：

$$T_{new} = R_o(T) + T_r \quad (2-8)$$

在相关研究中，一种基于四元数的算法被用来对二维和三维数据产生最小二乘旋转及平移（Besl et al.，1992）。在任何 $n > 3$ 维的应用程序中使用奇异值分解（singular value decomposition，SVD）方法。在本书中，我们考虑所进行分析处理的是三维的人脸图像数据，可以使用如下所述的基于四元数的算法：

如果将目标曲面和模型曲面的点云视为两个矩阵：$T(x, y, z)$、$M(x, y, z)$，然后可以根据以下公式计算这两个矩阵之间的交叉协方差矩阵 Cross Covariance Matrix：$\mathrm{Cov}(T, M)$。

$$\mathrm{Cov}(T,M) = \frac{1}{N_t}\sum_{i=1}^{N_t}[(T-\mu_t)(M-\mu_m)^T]$$
$$= \frac{1}{N_t}\sum_{i=1}^{N_t}(Tm^T) - \mu_t\mu_m^T \tag{2-9}$$

其中，μ_t 和 μ_m 分别是 T 和 M 的平均值：

$$\mu_t = \frac{1}{N_t}\sum_{i=1}^{N_t}T$$
$$\mu_m = \frac{1}{N_t}\sum_{i=1}^{N_t}M \tag{2-10}$$

有了 Cov（T，M）后，则有：

$$\begin{matrix} & c_1 & c_2 & c_3 \\ C = & c_4 & c_5 & c_6 \\ & c_7 & c_8 & c_9 \end{matrix}$$

定义一个矩阵 A：

$$A = \mathrm{Cov}(T,M) - \mathrm{Cov}(T,M)^T \tag{2-11}$$

使得 A 表示为：

$$\begin{matrix} & a_1 & a_2 & a_3 \\ A = & a_4 & a_5 & a_6 \\ & a_7 & a_8 & a_9 \end{matrix}$$

然后定义一个向量 D 如下所示：

$$D = [a_6, a_7, a_2] \tag{2-12}$$

标量 S 定义如下：

$$S = c_1 + c_5 + c_9 \tag{2-13}$$

如果矩阵 T 定义如下：

$$T = (C + C^T) - S \cdot I \tag{2-14}$$

其中，I 是一个 3×3 的单位矩阵。

则：

$$T = \begin{matrix} t_1 & t_2 & t_3 \\ t_4 & t_5 & t_6 \\ t_7 & t_8 & t_9 \end{matrix} \tag{2-15}$$

我们定义四元数矩阵 Q 如下：

$$Q = \begin{bmatrix} S & a_6 & a_7 & a_2 \\ a_6 & t_1 & t_2 & t_3 \\ a_7 & t_4 & t_5 & t_6 \\ a_2 & t_7 & t_8 & t_9 \end{bmatrix} \tag{2-16}$$

我们可以使用四元数矩阵来计算复合旋转矩阵。第一步是找到四元数矩阵 Q 的最大特征值及其对应的特征向量。四元数矩阵 Q 的对应特征向量定义为行向量 $[q_1, q_2, q_3, q_4]$。在前面的步骤中，我们知道 T 和 M 的均值向量为 $\mu_t = [\bar{x}_t, \bar{y}_t, \bar{z}_t]$ 和 $\mu_m = [\bar{x}_m, \bar{y}_m, \bar{z}_m]$。然后定义两个新的向量，分别为 $U_1 = [\bar{x}_t, \bar{y}_t, \bar{z}_t, 1]$ 和 $U_2 = [\bar{x}_m, \bar{y}_m, \bar{z}_m, 1]$。变换矩阵 R 则可以被定义为：

$$R = \begin{bmatrix} R_1 & R_2 & R_3 & R_4 \\ R_5 & R_6 & R_7 & R_8 \\ R_9 & R_{10} & R_{11} & R_{12} \\ 0 & 0 & 0 & 1 \end{bmatrix} \tag{2-17}$$

其中：

$R_1 = q_1^2 + q_2^2 - q_3^2 - q_4^2$

$R_2 = 2 \cdot (q_2 \cdot q_3 - q_1 \cdot q_4)$

$R_3 = 2 \cdot (q_2 \cdot q_4 + q_1 \cdot q_3)$

$R_4 = 0$

$R_5 = 2 \cdot (q_2 \cdot q_3 + q_1 \cdot q_4)$

$R_6 = q_1^2 + q_3^2 - q_2^2 - q_4^2$

$R_7 = 2 \cdot (q_3 \cdot q_4 - q_1 \cdot q_2)$

$R_8 = 0$

$R_9 = 2 \cdot (q_2 \cdot q_4 - q_1 \cdot q_3)$

$R_{10} = 2 \cdot (q_3 \cdot q_4 - q_1 \cdot q_2)$

$R_{11} = q_1^2 + q_4^2 - q_2^2 - q_3^2$

$R_{12} = 0$

生成合成旋转矩阵后，我们可以使用该矩阵通过将目标曲面 T 旋转到模型曲面 M 来执行拟合匹配过程。定义矩阵 L 更新合成旋转矩阵以重复拟合过程：

$$U_2 = R \cdot U_1 + L \tag{2-18}$$

其中，$L = \begin{bmatrix} l_1 \\ l_2 \\ l_3 \\ l_4 \end{bmatrix}$

L 用于更新复合旋转矩阵：

$$R_4 = l_1 \tag{2-19a}$$

$$R_8 = l_2 \tag{2-19b}$$

$$R_{12} = l_3 \tag{2-19c}$$

可以计算出 T 到 M 的均方误差距离：

$$e = \frac{1}{N} \sum_{i=1}^{N} \| R \cdot t_i - m_i \| \tag{2-20}$$

迭代一直进行到 $e_{k+1} - e_k < \tau$，其中 τ 是一个预设阈值。

第七节 小结

本章对历史上的经典二维及三维人脸识别算法进行了回顾和介绍，

还着重介绍了许多目前最新的和最流行的三维人脸识别方法。与二维人脸识别方法相比，三维人脸检测、姿势变化、表情变化等几个重大挑战是三维人脸识别必须加以解答和处理的关键问题。通过对过去人脸识别技术的回顾和思考，我们可以发现那些基于形状、表面分析、匹配的三维人脸识别算法在诸如 FRGC v2 数据库之类的大型人脸数据库上取得了良好的性能，这可以为我们的研究方向给予一个明确的信号和指导。在接下来的章节中，我们计划逐步解决上述提到的这些挑战，并最终实现一个高效准确的自动三维人脸识别系统的技术框架。

人脸特征定位

第一节 简 介

一个三维人脸图像是由人脸曲面的各个顶点（数据表现为 x，y，z 位置）组成的一组高维度向量。如果需要获得或者使用这些顶点的纹理值，则可以将 R，G，B 颜色信息添加到这些向量中。因此一个三维人脸图像通常可以由一个表达三维空间位置形状的数据文件和一个二维纹理图像文件构成。基于三维信息与数据的人脸识别具有克服表情和光照变化引起的挑战性问题的潜力（Bowyer et al.，2006）。需要注意的是，许多三维人脸识别方法（尤其是基于特征的方法）必须依赖于可靠且精准的人脸的各个器官和特征的定位。

本章重点介绍如何实施识别并精确定位三维人脸各种特征。由于鼻尖是人脸面部最突出的一个形态特征，因此许多前期的工作（Xu et al.，2009；Lu et al.，2006；Mian et al.，2007；Faltemier et al.，2008；Queirolo et al.，2010）都探讨和研究了如何进行鼻尖的检测，并且将鼻尖作为一个重要的基础和前提，从而实现其他人脸器官或者特征的检测及定位。相当数量的人脸特征识别算法都使用这样的设定：即鼻尖是离获取三维数据的相机或设备的距离最近的一个点（Hesher et al.，2003；Lee et al.，2003）。尽管这种假设在绝大多数情况下是正确的，但是却不能百分之百的保证这一点的实现，因为噪声、姿势旋转、头发和衣服的遮挡面部情况都有可能使某些地方比鼻子更靠近数据采集设备。

一种很容易想到的定位和检测鼻尖的方法步骤是：首先可以使用与每个三维点相对应的纹理灰度、色彩信息先检测和定位出人脸的主要面部区域（缩小鼻子位置的可能范围），然后在所检测定位到三维人脸主要区域的范围内寻找和定位鼻尖。这种方法有一个前提，就是要求纹理信息必须与三维数据正确对应。但是很多时候，特别是在一些常见的人脸数据集中，如 FRGC 的 Spring 2003 子集，纹理数据（二维图像数据）并不总是与三维空间点云完全匹配（见图 3－1）。存在非常不好的二维图像数据—三维对应关系的人脸图像数据中使用二维人脸定位然后在三维数据中定位并裁剪出人脸主要区域的方法通常会获得较差的结果。

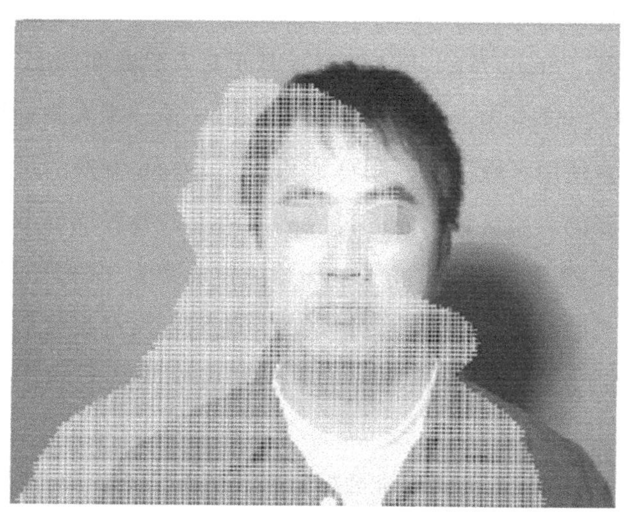

图 3－1　三维人脸图像中的三维空间数据与灰度/色彩数据不匹配的情况范例

鉴于上述的二维—三维对应难以保证数据质量的情况下，不少研究人员选择使用纯粹的三维空间数据进行人脸器官或者特征的检测定位。科伦坡等（Colombo et al.，2006）提出了一种仅使用HK高斯曲率分类法基于纯粹的三维空间几何信息来识别人脸特征形状的方法。尽管仅识别出大致的鼻子、眼睛形状和位置，并且未检测到鼻尖或其他特征的精确位置，但他们在小型数据集上的检测正确率达到了96.85%。在其他类似算法中，贝维拉夸等（Bevilacqua et al.，2008）实施了一项基于将霍夫变换（hough transform）扩展到三维点云的检测鼻尖的实验。实验仅涉及18个三维人脸。他们使用自旋图像（spin image）和支持向量机（support vector machine，SVM）用于表示和分类三维形状（Conde et al.，2005；Xu et al.，2006）。实验结果表明鼻尖的成功定位率为99.3%，但实验的数据集缺乏基准评估且数据量极为有限（Xu et al.，2006）。上述这些方法存在的主要问题在于他们仅仅使用了一个小规模的人脸数据库，数量上不足以建立人脸特征定位的性能可靠评估。过于小型的数据库无法提供足够说明问题的噪声以及各种条件变化的实验数据，而充分数量的实验对于性能评估是至关重要的。

塞贡多等（Segundo et al.，2007）基于对人脸曲面深度（topographic depth）信息的 y 投影和 x 投影的分析提出了一种三维人脸标记的检测方法。他们结合使用区域边缘检测算法和基于Hough变换的形状检测方法来先定位主要的人脸区域，然后再检测人脸上的各种器官和特征。这种技术在FRGC v2数据库上取得了鼻子检测正确率为99.95%的实验结果。但是，检测人脸是可能出现检测错误的，他们也没有报告所实施的人脸检测的准确性，以及人脸检测准确率与随后检测鼻子的正确率之间的联系。

大多数方法都没有使用基准数据集来评估其结果。罗梅罗等（Romero et al.，2008）第一个创建了基于FRGC数据库的基准数据集。他们手动标记了11种人脸器官或者特征的标记点。使用这些标记所代表的人脸特征的位置，就可以用于测量和评估那些人脸器官特征识别的结果。上面提到的一些方法使用高斯曲率或其他属性参数的平均值和导数来表示三维形状。在以点 P 为中心、半径为 r 的球体内，关于点 P 及其相邻点 P_i 的一些统计学参数或者属性如均值和导数都可以计算出来。但是，衣物、头发及另外一些不想要的人脸特征所引起的噪声可能会造成表达人脸图像的效果出现一定的损失，特别是如果应用到数量足够多的人脸图像数据上。为了解决此问题，我们使用更多参数属性来描述三维曲面，根据不同特征识别任务的要求从而增加参数的数目。更多的参数描述一块三维曲面形状意味着将创建相对更复杂的模式，这要求使用更加有效的分类方法。本书计划采用基于高级不确定推理架构（advanced uncertain reasoning architecture，AURA）的二进制神经网络技术来实现人脸特征匹配与搜索定位。每个人脸曲面上的三维点 P 都会相应作为球体的中心计算得出一个相似度分数，以便表达与训练集中的人脸曲面包含的对应点的相似程度。

在第二节中，介绍了两个三维局部曲面形状描述符，称为多轮廓曲面角矩描述符（multi contour surface angle moments descriptor，MCSAMD）和多壳层曲面角矩描述符（multi shell surface angle moments descriptor，MSSAMD）；第三节则介绍了基于二进制神经网络的特征匹配和搜索算法，称为 AURA k－最近邻居技术；在第四节中介绍了同时使用多轮廓曲面角矩描述符与多壳层曲面角矩描述符并应用 AURA k－NN 算法进行鼻尖识别的方法；第五节描述了在实施鼻尖检测后使用类似的技术定位内侧眼眦（canthi）的方法；第六节展示和讨论了实验的各个结果，证明了使用多轮廓曲面角矩描述符和多壳层曲面角矩描述符可以比其他方法能更精确地定位人脸器官和其他特征，特别是鼻尖的检测是异常精准的；第七节则作为本章的一个总结。

第二节　三维局部形状和曲面描述符

三维人脸特征可被视为三维曲面的一小部分点的集合或片段。以往的相关研究中使用了许多描述三维形状或曲面的方法。格里姆松（Grimson，1984）在1984年首次探讨了由一组触觉传感器记录的三维空间位置和曲面法线的局部测量如何用于识别与定位三维物体。他们提到相对于曲面法线的角度是一个有效的局部约束。与基于曲率的三维形状描述符相比，斯坦因（Stein，1991）提出了一种使用飞溅结构（splash structure）描述曲面形状的方法。他们对给定位置点 P 计算其曲面法线 n，然后再计算出一个围绕 n 测地线半径为 r 的圆形切片及在该圆上的每个点的曲面法线 n'，获得 n 和所有 n' 之间的夹角 μ。通过使用飞溅（splash），一个三维曲面可以被描述出来。他们还指出，曲率的计算需要比切线更高阶的求导。对于基于曲率的方案，信噪比低于基于切线（或曲面法线）的方案。蔡（Cai，1997）在1997年引入了点签名（point signature，PS）方法来描述三维曲面形状。他们使用球体以点 P 为球心裁剪三维曲面，并随后生成了许多等高点。在点 P 曲面法线和法线平面也都被计算出来。从等高点到法线平面的距离 d 可以从沿顺时针方向的一个位置开始计算。d 和顺时针旋转的角度 μ 一起可用于描述球体内（被裁剪包含进球体的部分）的三维曲面。徐等（Xu et al.，2006）也使用球形裁剪的等高点还计算了所有点到球体内中心点 P 处的法线平面的距离 d。同时，中心点和第二统计矩（second statistical moments）平均值和这些 d 的偏差也被计算出来。这两个统计矩的使用可以描述球体裁剪出来的小片三维曲面。受上述方法的启发，本书将介绍一种以局部形状特征的统计矩与表面法线有关的角度来描述三维曲面的方法。我们提供了一种新颖的方法来描述给定球体中的三维曲面局部形状的凸度或凹度。

一、多轮廓曲面角矩描述符（MCSAMD）

对于三维点云中的点 P，其自身及其相邻点 P_i 共同形成一个三维曲面，如图 3－2 所示。通过找到直线 P_i-P 的长度近似等于半径 r 的所有点 P_i，点 P 和那些 P_i 会创建一个 1－ring mesh 网格。可以使用以下公式计算直线 P_i-P 与顶点法线 N_p 之间的夹角：

$$\theta=\arccos\frac{(P_i-P)\cdot N_p}{|P_i-P||N_p|} \tag{3-1}$$

其中，N_p 是点 P 的顶点法线，θ 是顶点法线 N_p 与边 P_i-P 之间的角度，r 是球体的半径，θ 的取值在 0°～180°之间。

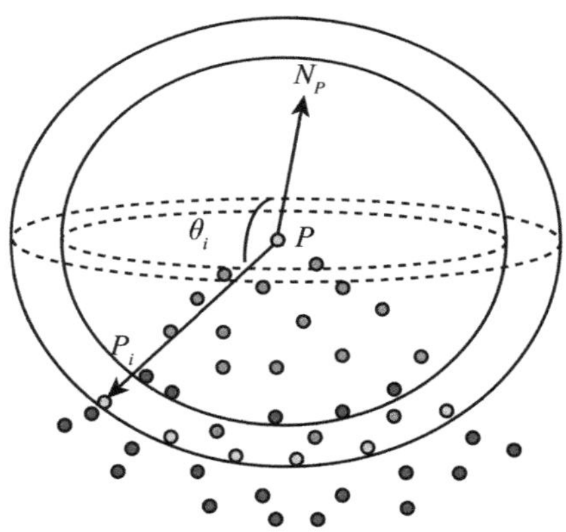

图 3－2　点 P 和其在两个球体中的众多相邻的点示意

在计算出所有最远的相邻点相关的 θ 之后，一个三维曲面上的每个点 P 都有自己的最远相邻点集 $PF(P)=\{P_1,P_2,\cdots,P_n\}$ 和一个角度设置 $\theta(P)=\{\theta_1,\theta_2,\cdots,\theta_n\}$（$n$ 是最远的相邻点的数量）。通过式（3－2）从而可以计算角度 θ 的平均值，可以发现这个网格曲面的凸凹程度。例如，如果所有这些最远的相邻点的平均值 θ_i 都大于 90°，那么这个半径为 r 的球体内所包含的该曲面可以被视为是一个相对于球心的凸面。当 θ_i 的平均值小于90°时，曲面则相对球心是一个凹面。

$$\text{mean}(\theta) = \frac{1}{n}\sum_{i=1}^{n}\theta_i \quad (3-2)$$

θ 的计算需要在点 P 处的顶点法线方向（Xu et al.，2006），这种方法在定位相邻点上需要很大的计算量。由于大多数三维人脸数据库（如 FRGC 三维人脸数据集）是由结构化阵列的激光传感器捕获的，因此人脸的所有点都具有一个有序索引值。根据这些点之间的垂直和水平关系，容易找到某个特定点 P 的所有相邻点 P_i。因此，我们可以使用一种近似算法来简化计算。如图 3－3 所示，P 在 5×5 网格内有 24 个相邻点。我们可以使用点 P 及其最远的相邻点（网格的最外面的圆）来创建 1－mesh 网格。计算成本可以降低到 O（nm），其中 m 是所有相邻点数 P_i 的数量。一个点的所有临近点只是整个人脸所包含的点的一部分，因此 m 通常远小于 n。所以 O（nm）计算成本要明显比 O（n^2）小。由于不同的人脸包含不同数量的三维点，因此这种近似算法可能会导致比例的缩放问题，但是可以通过设置具有不同点数的人脸来解决此问题。

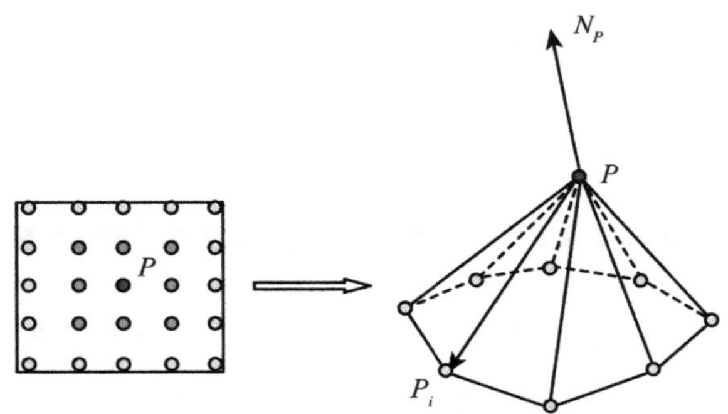

图 3－3　P 与其临近点 P_i 共同组成一个 1－ring 曲面网格

根据顶点法线计算算法的研究比较（Jin et al.，2005），平均加权平均算法（mean weighted equally algorithm，MWE）是最快的算法，并且在大多数情况下效果很好。因此，MWE 适合被选取用来计算顶点法线。下面通过使用 MWE 算法计算顶点法线。

$$N_{MWE} \| \sum_{i=1}^{n} N_i \tag{3-3}$$

其中，求和 $\sum$ 覆盖点 P 相邻的所有 n 个三角形平面。“‖”表示归一化步骤。

然而上面提到的 θ 的平均值没有足够的能力描述三维人脸的曲面形状所有微妙细节。为了提高细节的表达能力，一共引入两个统计学参数：θ 的均值和标准方差来简单表达一个球体中的三维曲面的形状。将这两个参数用作二维空间的两个坐标，可实现将三维局部曲面映射或者转换到此二维空间中。另外，只使用两个统计学参数依然可能会丢失一些信息。例如，在 FRGC 数据集中有些人脸图像中存在的衣服、头发等各种额外的噪声数据有时可能导致某些点的均值和标准方差与所预期的局部人脸特征（如鼻尖）相似（见图 3－4）。

$$\sigma^2 = \frac{1}{n} \sum_{i=1}^{n} (\theta_i - \bar{\theta})^2 \tag{3-4}$$

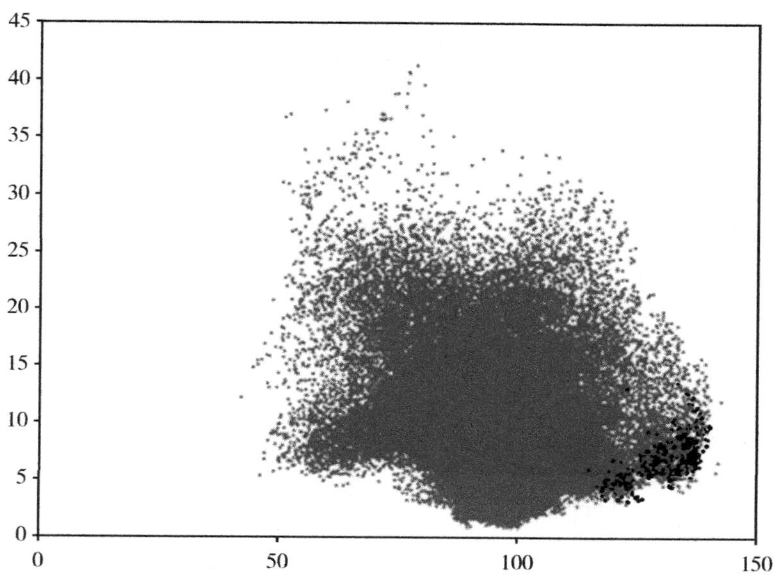

图 3－4　根据 θ 的平均值和 θ 的标准方差绘制的各个点的分布

注：灰色点是实际鼻尖相关的所有点以及其相邻点（在一个球体内），黑色点是除鼻尖外三维人脸上的其他点。

安克斯特等（Ankerst et al.，1999）于1999年引入了三维形状直方图作为三维物体或对象的相似性模型。在实施三维信息分解的三种技术中，他们提出的是一种多壳模型。三维曲面/形状围绕中心点分解成同心的一层层的壳，因为球体的缘故这样的分解与对象的姿态或者旋转无关。三维物体围绕中心点的任何旋转都会产生相同的直方图。受安克斯特等的工作启发，我们引入了更多的格栅尺寸来计算角度 θ 的均值和标准方差。如图3－5所示，将这两种属性与超过一个以上不同的栅格大小配合使用，从而可以创建出一个多轮廓曲面角矩描述符。

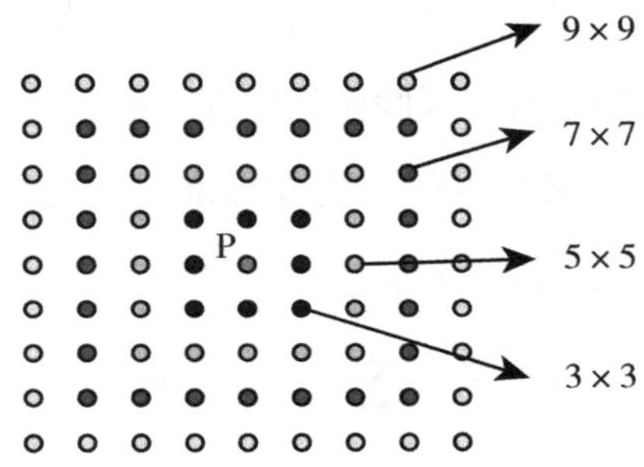

图3－5　不同尺寸的栅格 Grid

此多轮廓曲面角矩描述符一定程度上受三维图像数据中三维点的顺序影响。当头部的方向改变时，点的顺序也会有所改变。因此，MCSAMD描述符用来描述三维曲面的时候对三维对象（如人脸）的姿态变化不是完全不受影响的，如图3－6所示。

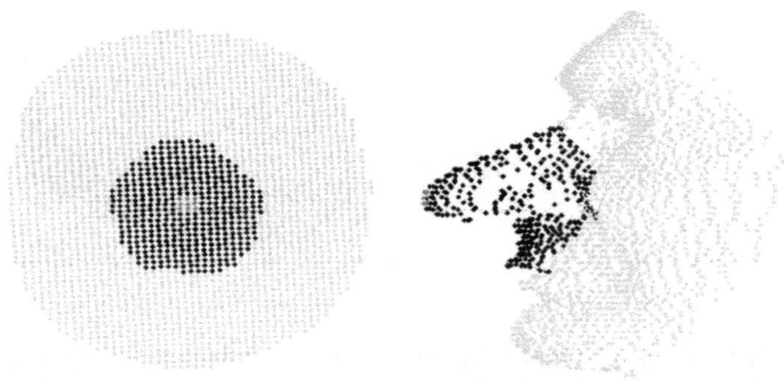

图3－6　三维对象混态变化

二、多壳层曲面角矩描述符（MSSAMD）

如果我们使用球体替换多轮廓曲面角矩描述符中的格栅，则会创建另一个升级版的描述符。两个球体之间的每个点都用于计算上述提到的角度 θ 相关的平均值和标准方差。根据前边提到的原因，仅一对标准差和平均值不足以描述三维曲面形状的细节以及进一步对三维曲面进行精确分类。一种简单的解决方案是增加球半径的数量以便在各个球体之间创造更多的“壳”，因为更多的“壳”可以提供更强的细节表达能力。图 3－6 中描绘了这个称为多壳层曲面角矩描述符的一个示例。

给定如图 3－2 所示的点 p 处的曲面法线 N_p，θ_i 表示 N_p 和 $P-P_i$ 之间的角度，其中 P_i 是点 P 的一个相邻点。每个“壳”范围内的所有点 P_i 都可以计算出这点相关的 θ 的标准方差和平均值。因此，此多壳层曲面角矩描述符可以描述一个三维曲面：

$$[std_1, std_2, \cdots, std_n] \tag{3-5a}$$

$$[mean_1, mean_2, \cdots, mean_n] \tag{3-5b}$$

由于很难通过使用多壳层曲面角矩描述符赋予相邻点特定的顺序，因此无法使用 MSE 算法。徐等（Xu et al.，2006）和罗梅罗等（Romero et al.，2008）使用了一种相似的方法来计算协方差矩阵的第三特征向量作为点 P 上法线的方向。给定点 p（x，y，z）作为一个球体的球心点，这个点的相邻点 p_i（x_i，y_i，z_i）都包含在这个球体内。点 P 的协方差矩阵可以计算为：

$$C = \frac{1}{n}\sum_{i=1}^{n}(p_i - m)(p_i - m)^T \tag{3-6}$$

$$CV = DV \tag{3-7}$$

其中，m 是所有点的均值向量，V 是特征向量的矩阵，D 是特征矩阵。

由于p（x，y，z）是一个三维向量，所以借助于主成分分析可以获得三个特征向量，它们各自代表三个彼此正交的方向。根据主成分分析的定义，这三个特征向量的对应特征值表示数据分布的程度。由于人脸的形状一定程度上是接近一个桶形的形状，因此当我们使用球体切割三维曲面时，曲面法线方向的对应特征值将是三个特征值中的最小值。通过浏览和审阅 FRGC 数据库的训练集中的 943 张面孔确认和证实了这样的一个理论：如图 3－7 所示，鼻尖处的高/宽、高/深、宽/深之比的直方图，该位置是人脸最突出的位置（$r=25$mm）。我们可以发现一个人脸在三维空间中的高度和宽度值均大于其深度。因此，对应于最小特征值的特征向量是可以作为人脸上某个点p处的曲面面法线。

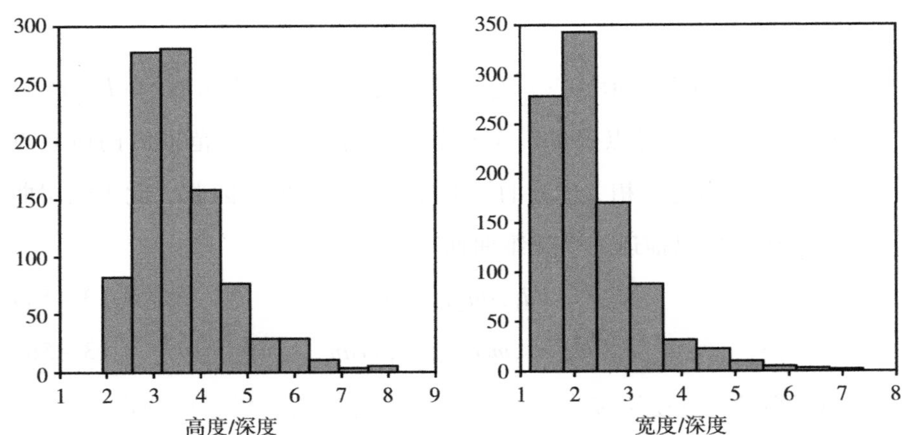

图 3－7　显示在鼻尖处曲面高度、宽度、深度比率的直方图

三、小结

到目前为止，我们已经提出了两个三维曲面描述符。从理论上讲，多轮廓曲面角矩描述符的计算成本 O（nm）比多壳层曲面角矩描述符的计算成本 O（n^2）要低（因为m要明显比n小得多）。再加上在使用大多数三维数据采集设备（如 FRGC 数据库中使用的结构化光传感器 Minolta

Vivid 900/910 系列）时，深度数据是按结构化网格顺序捕获的。一些特定的形状，如高斜率点处的形状可能会导致相邻点之间的距离太大而无法包含在多壳层曲面角矩描述符的外壳之一中。因此，多壳层曲面角矩描述符在此位置描述出三维曲面形状信息将损失很多细节。与之相反，多轮廓曲面角矩描述符则能够确保包括所有相邻点。这一点上的差别可能会导致特征定位精度的不同。另外，由于多轮廓曲面角矩描述符取决于数据采集的结构顺序，因此具有不同方向的相同形状可能会导致多轮廓曲面角矩描述符的取值略有不同。相反，多壳层曲面角矩描述符是一个不受方向姿势变化影响的描述符。综上所述，目前阶段很难判断哪个三维曲面描述符可以更好地表达一个三维曲面的形状细节。因此，我们将在人脸特征定位的实验中使用并评估两个三维曲面描述符。

第三节　k 最近邻 AURA 算法

一个三维人脸特征可以被视为一个小块三维曲面。这个小块曲面可以通过上一节介绍的三维形状曲面描述符来表达和描述。为了定位人脸上的各种器官或特征，必须选择相应的器官特征的曲面形状描述符作为标准模型。三维人脸中与标准模型最相似的某块曲面形状是此人脸特征最可能的位置。三维人脸点云有可能包含数千个三维点，而人脸数据库通常还包含数千个人脸图像数据。因此高效的图像数据存储和检索方法是一个必要条件。在本章中，我们使用一种二进制神经网络技术（k 最近邻 AURA 算法）来测量和查找曲面形状与标准特征模型之间的相似程度。

一、高级不确定推理架构（AURA）

高级不确定推理架构是一种基于二进制神经网络的方法，以相关矩阵存储器（CMM）的形式用于高性能的模式匹配（Austin，1996）。相关矩阵存储器是静态关联存储器的一种形式。科霍恩（Kohonen，1972）于1972年首次提出了相关矩阵存储器的概念，并与安德森（Anderson，1972）一起作出了开创性的贡献。高级不确定推理架构有两种实现神经网络的方法：软件和硬件。在硬件上实施高级不确定推理架构可以显著提高模式识别的速度，而软件一般用于算法研究。在本节中，我们仅在软件中使用高级不确定推理架构，在未来的实际系统应用中可以方便地转换为硬件模式。

相关矩阵存储器学习并存储输入模式 P 和输出 O 之间的关联，这些关联首先必须被转换为二进制的向量形式。输入和输出模式都参与了对初始为空的二进制矩阵 M 的训练。在训练过程中，根据赫步（Hebb，1949）早在1949年提出的Hebbian学习方法，当其中输入和输出向量均为“1”时，M 内的值也只用更改为“1”即可。M 的训练公式如下式所示：

$$M = \vee P^T O \tag{3-8}$$

其中，P 代表输入模式（二进制元素的行向量），O 为输出模式，M 代表相关矩阵存储器，∨表示逻辑或。图3－8显示了一个相关矩阵存储器训练过程的范例。

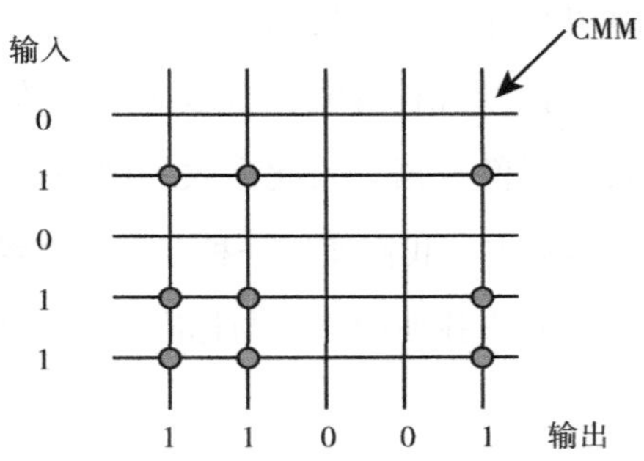

图3－8　相关矩阵存储器训练的示例

注：当输入和输出在某一个位同时为“1”时，在相关矩阵存储器中相交的点处则设为“1”来表示两者的关联关系。

训练完成后，召回（recall）操作将返回一个整合的整数输出向量 V，然后可以将其阈值化为二进制向量。如果 I 表示召回操作的输入向量，则：

$$V = M_i^{\ T} \tag{3-9}$$

基于相关矩阵存储器的系统的训练学习操作都非常简单是其一个最重要特点，因为只需要进行二进制编码和设置二进制矩阵的位值即可。与其他神经网络（如多层神经网络 MLP）相比，在训练时可以同时训练所有模式的关联关系，极大地减少和降低在处理非常大规模数据集时所需要的训练时间。

为了应用高级不确定推理架构技术，必须对输入模式进行量化并将其转换为二进制值。将十进制值转换为二进制值最简单的方法是将某个数值的十进制值的可能范围划分为若干个部分，这些部分称为 bin，然后根据实际值所属的 bin 将二进制位设置为“1”。

在本节中，我们从 FRGC 数据库的 Spring 2003 子集中选择了 40 个三维人脸作为训练集，结合在前面提到的罗梅罗等（Romero et al.，2008）手动标记的鼻尖数值，通过使用第二节介绍的三维曲面描述符表达三维曲面的方法，可以将鼻尖的输入模式分为 $2 \times n$ 参数（n：网格圈层的数量），每个参数的范围分为 10 个区域，每个属性的十进制值都被转换为二进制值，具体取决于十进制值属于哪个 bin。

例如，如果属性十进制值的范围是从“1” ~ “11”，并且有十个宽度为“1”的 bin，则“4.5”的值位于“4 ~ 5”的 bin 中，因此，十进制值“4.5”的二进制值将为“0001000000”。如图 3-9 所示，为一个简单的十进制数值到二进制转换范例，bin 的宽度可以根据实际数据的可能分布来设定。在本书中，我们简单地通过使用数据范围来选择 bin 宽度，如式（3-10）所示。

$$WIDTH_{bins} = \frac{\max(value) - \min(value)}{n} \tag{3-10}$$

bin1
bin2
bin3
bin4
0
1
0
0

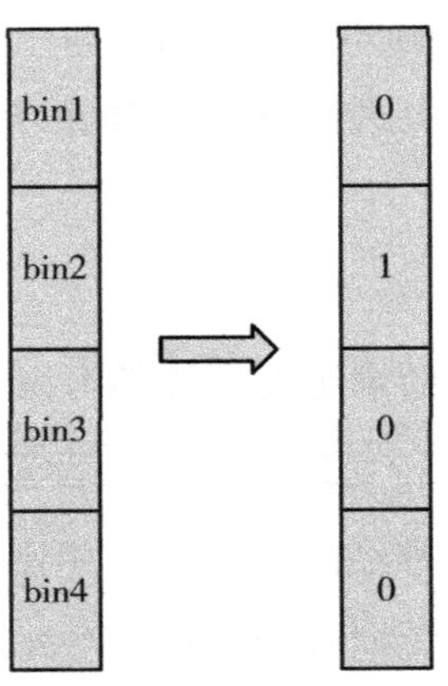

3 –9　十进制数值转换二进制的方法

注：当一个十进制数值落在 bin2 中，则将相对应的二进制位设为“1”。

将几个参数的所有数值都转换为相应的 10 位的二进制数值之后，所有二进制属性连接在一起生成输入向量，如图 3 –10 所示。

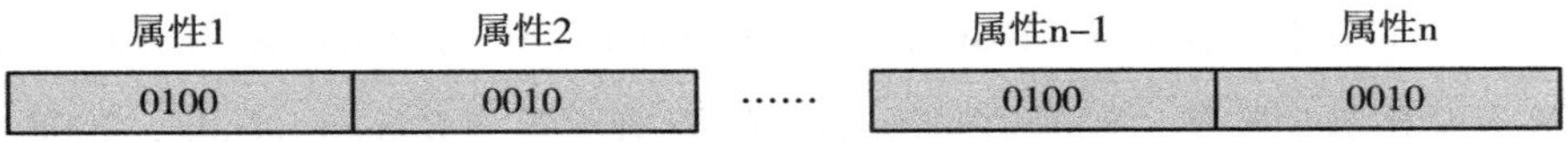

属性1
属性2
属性n–1
属性n
0100
0010
……
0100
0010

图 3 –10　几个参数合并在一起组成输入模式

相关矩阵存储器同时需要输入和输出模式的向量。在该系统中，训练过程可以将二进制属性值存储到矩阵的某一列中。因此，可以把输出向量设计为训练组中人脸的序列号（见图 3 –11）。

0 0 0 0 0
……
0 0 1 0 0
人脸图像数=3

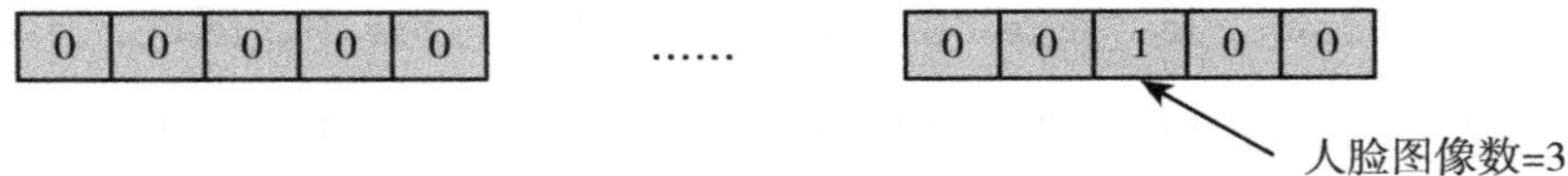

图 3 –11　输出模式向量表示某一个人脸的序号示例

如图 3 –12 所示，训练过程可以一个一个地存储和训练已知的代表鼻尖的输入向量，直到所有已知的训练模式都保存在矩阵中。

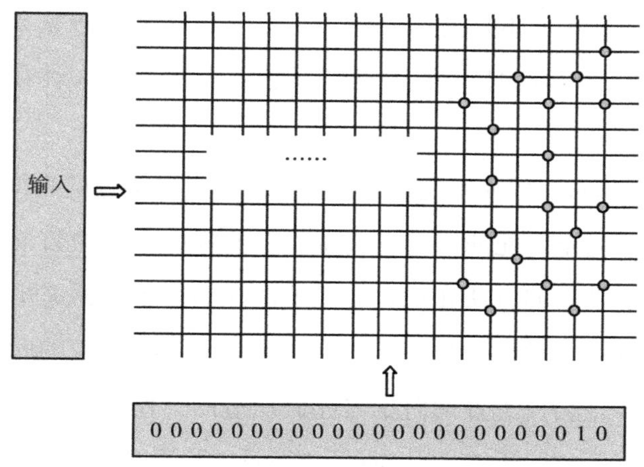

图 3－12　将每一张图像存储进矩阵中的一列示例

二、使用 k－Nearest Neighbour 进行 AURA 匹配

在召回或查询阶段，将对查询模式向量进行测量，然后生成特征向量。使用与训练存储图像的编码过程相同的方式，生成二进制查询输入向量，但是这种方法的困难在于存在边界效应。由于 bin 之间有明确的边界，因此十进制值将仅属于其中一个 bin。因此，同一个 bin 中的两个值之间的距离存在大于两个相邻仓中的两个值之间的距离的可能，如两个 bin 边界设置为"2.00"和"4.00"，"2.01"与"3.99"属于同一个 bin 内部，很明显"2.01"与"3.99"之间的数值差距比前一个相邻 bin 中的"1.99"更大。为了弥补和修正这种情况导致的问题，霍奇等（Hodge et al.，2005）在 2005 年开发了一种称为整数金字塔 Integer Pyramid 的二进制 k 最近邻技术。

连接需要输入的各种参数以形成输入模式向量，每个参数由一组二进制位表示，在训练阶段将其存储于相关矩阵存储器中。在调用过程中，整数金字塔 Integer Pyramid 技术将替换查询向量中每一个二进制位的取值，每一位都由一个整数值的"triangular kernel"代替，以使核 kernel 的最大值位于设置位所在的 bit 中，而相邻的零位则被替换为较小的整数，使得数值均匀减小而不是突然从“1”变为“0”。最后该整数向量成为相关矩阵存储器的输入向量（此时已经不是二进制向量），计算方法与前边描述的类似。

核心（kernel）的使用使得与已存储的向量最接近的查询向量获得 V 的最大值，不完全匹配的向量将获得一个非零的稍小的数值。与最初的相关矩阵存储器召回方法相比，对于不匹配的向量，相关矩阵存储器会更加缓和地降低其数值。当知道最大匹配值应该是多少的时候，我们将匹配值的减少量转换为查询向量与存储向量的“距离”向量。在使用了前面介绍和引入的三角核（triangular kernel）的情况下，该距离近似于量化的曼哈顿距离或者城市街区距离（city block distance）。使用三角核的一个例子如图 3－13 所示。

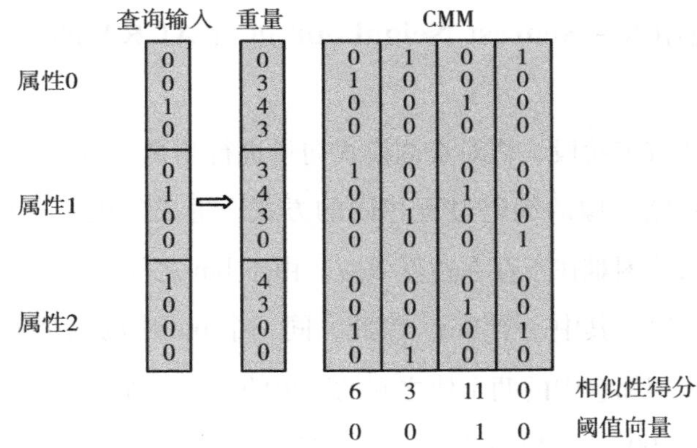

图 3－13　相关矩阵存储器召回模式示例

注：使用整数金字塔 Integer Pyramid 技术来消除边界效应。

抛物线内核（parabolic kernel）是整数金字塔（Integer Pyramid）技术一个改进，接近类似量化的平方欧几里得距离（Hodge et al.，2005）。对于一个存储的向量，与之的距离可以表示为：

$$d_E^2 = \sum\nolimits_{\forall f}(x_f - x'_f)^2 \qquad (3-11)$$

其中，d_E^2 是欧几里得距离的平方，x_f 是查询参数值，x_f^0 是参数 f 的存储值。要使用相关矩阵存储器计算该距离，需要按照以下公式计算抛物线内核权重值。对于参数 f 和第 k 个 bin，在 bin t 中具有原始设置的 bin：

$$W_{f,k} = \left(\frac{n^*}{2}\right)^2 - (t-k)^2\alpha_f \qquad (3-12)$$

其中，$\alpha_f = \frac{n^{*2}}{n_f^2}$，$n^*$ 是任何参数的 bin 的最大数量，n_f 是属性 f 的 bin 的数量。α_f 是为了确保相关矩阵存储器输入向量内所有参数的内核扩展。图 3－14 为抛物线内核权重值的一个范例。

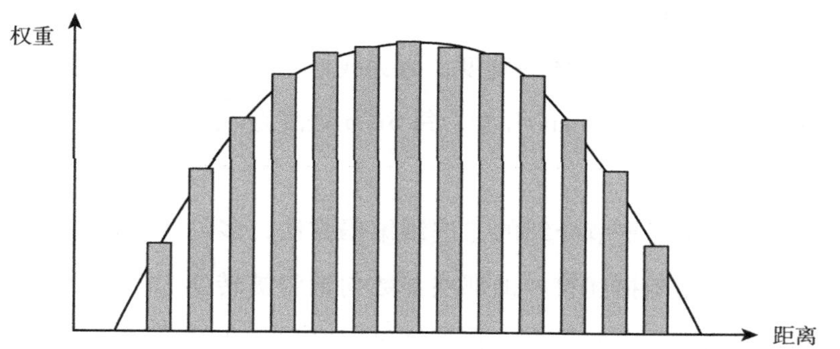

图 3－14　抛物线内核权重值示例

注：将相关矩阵存储器的权重值设置为类似于抛物线形状，该抛物线形状描述了距中心 bin 的距离。

通过使用抛物线内核整数金字塔技术，输出向量 V 可以根据按欧几里得距离进行排序获得分值。这些得分可以用作每个被查询的向量的相似性得分，因此 $V = \{v_1, v_2, \cdots, v_p\}$ 代表了与已训练和存储在相关矩阵存储器内的每个鼻尖形状的相似性。max（V）表示一个被查询的向量与训练组的至少一个鼻尖的形状相似的程度。

第四节　鼻尖分层定位方法

前面介绍过罗梅罗等（2008）手动标记了 11 个人脸特征，包括了鼻尖和内侧眼眦。我们将那些鼻尖的标记放置在具有两个不同大小的网格的中心，根据经验选择网格从内向外的第五层（9×9）和第九层

（17×17）用来生成多轮廓曲面角矩描述符的实际数值。每个点 P 具有四个参数：在 17×17 和 9×9 网格内的 θ 的均值和标准方差。选择两个网格的圈层的原因是为了验证第二个圈层提供的额外信息所带来的好处。

同时为了便于对比和比较两种描述符，还需要生成适用于鼻尖检测的多壳层曲面角矩描述符，将最大球体的半径定义为 25mm，因为这个距离正好是从鼻尖到其边缘的大致范围。使用不同的壳体宽度和壳体数量可以改变多壳层曲面角矩描述符描述三维曲面形状的能力。在本节中，我们仅使用 5mm 作为壳体的宽度，因为我们必须确保在每个壳体区域中都存在足够的点。从 25mm 开始，每 5mm 宽度存在一个球壳，因此一共使用 5 个球壳。

通过实施前述章节介绍的二进制编码方法，多轮廓曲面角矩描述符或多壳层曲面角矩描述符中的那些参数向量将被转换为二进制向量，然后存储到相关矩阵存储器中。在训练过程之后，在计算目标人脸的点的参数值的时候，还一并使用 AURA k－NN 权重进行编码。

我们定义了以下三个步骤，用来减少特定人脸图像数据中鼻尖的候选点的数量。

第一步：对于点 P_i，将多轮廓曲面角矩描述符或多壳层曲面角矩描述符的参数与 AURA 中存储的特征参数进行比较匹配。通过使用 k－NN AURA 匹配算法，生成相似度得分即向量 V。V 包含有 AURA 中存储的不同对象的所有特征的相似性分数。选择最高相似度分数 $S=\max(V)$ 作为该点 P_i 的最终相似度分数。然后，通过简单地定义一个阈值 T_{nose}，将相似度得分低于 T_{nose} 的所有候选者从候选者列表中删除，此步骤可以显著缩小候选点的范围。

第二步：候选人列表中通常还会留有其他一些错误的候选点，如头发、衣服、下巴区域中的那些点组，这是第一个步骤无法完全消除的。但是这些特殊点中的大多数都是分散分布的，实际上真正鼻尖周围的点总是能获得相对较高的相似性评分。由此我们可以通过计算一定范围内候选物的数量来找到正确的鼻尖点簇。选择候选点密度值最高的点簇作为鼻尖候选点簇。

第三步：选择鼻尖点簇之后，该簇内具有最高相似性得分的候选者被视为最终选择。

第五节　内眼眦（内侧眼角点）检测（Medial Canthi Detection）

在多轮廓曲面角矩描述符使用的训练集中，不仅每个鼻尖的四个MCSAMD参数存储在AURA系统的相关矩阵存储器中，而且两个内侧眼眦的相应多轮廓曲面角矩描述符参数值也被编码为二进制向量并存储在相关矩阵存储器中。人脸的鼻尖和每个眼眦之间的距离是一定限制在某个范围内的。假设我们定义D_{ne1}是鼻尖和左眼内眼眦之间的距离，D_{ne2}是鼻尖和另一个内眼眦之间的距离，而D_{ee}定义为两个眼眦之间的距离。训练集中的这三个距离中的任何一个都可以用来当成一个限制。D_{ne1}和D_{ne2}应该彼此近似相等，并且$(D_{ne1}+D_{ne2})/D_{ee}$的比率应在某个有限范围内。这些关系都可以转换为二进制输入模式向量参数，并存储在相关矩阵存储器中。在眼眦识别中，我们选择两个相邻的栅格大小$N \times N$（$N=7$和9）。

伴随鼻尖检测定位，我们也通过使用多轮廓曲面角矩描述符和AURA k－NN技术评估与以点P为中心的每个相邻网格的已知眼眦的相似性得分。在删除相似性得分低于阈值T_{eye}的候选点之后，会有多个剩下的候选点被视为潜在的内眼眦的位置点。但是仅使用这样一个过滤器是不够的，潜在的候选点仍然混有一些噪点。

鼻尖、左眼内眼眦和右眼内眼眦彼此连线可以组成一个三角形状。潜在的眼眦候选点和鼻尖形成的三角形数量是非常巨大的。因此，我们继续通过使用同样存储在相关矩阵存储器中的已知人脸的鼻尖和内眼眦之间的关系来减少候选对象的数量。另一个分数 S_{rel} 被设计为表示鼻尖和两个内眼眦的组合与已知的训练组合的相似度。S_{rel} 得分最高的候选组合将是最终选择。但是，在 FRGC 人脸数据库中的某些三维人脸中，眉毛附近存在一条缝隙（没有任何三维点的空洞），并且很难在人脸图像数据预处理步骤中进行修复和弥补，这时候就可能会导致错误地选择眼眦点。

第六节　实验结果

一、实验数据集

在本章中，FRGC 数据集被选择作为实验数据库。FRGC 三维人脸数据集具有三个子集：Spring 2003 子集通常可以作为训练集，其中包含来自 943 幅三维静止图像数据；在设计为目标子集的 Fall 2003 和 Spring 2004 子集中，有 466 个对象的 4007 幅三维人脸图像。每个三维图像数据都有一个包含三维点的三维点阵数据文件和一个代表纹理信息的二维静态图像文件。

FRGC 三维人脸数据集的人脸图像文件的缺省分辨率很高，达到 640 × 480。为了降低数据处理中的计算成本，我们将三维通道文件的分辨率调整为较小的尺寸，选择 160 × 120 作为缩小后的分辨率。这个分辨率能够在描述足够的细节和兼顾计算成本之间保持平衡。实验结果证实这个分辨率的确可以提供足够的细节来进行人脸器官和特征的定位。调整大小后的三维图像可以进行平滑处理，删除三维曲面上的尖峰噪声点并填充意外造成的孔洞（Mian et al.，2006）。首先我们可以通过检测离群点来去除人脸曲面上的尖峰噪声点。对于 FRGC 三维人脸数据库中的特定点 p，它具有 8 个连接的相邻点，如图 3 – 15 所示。任何距离其相邻点的距离大于某个阈值 d 的点都将被视为尖峰噪声点。D 可以被定义为 $d = \mu +$

0.6σ，其中μ是相邻点之间的平均距离，σ是标准方差。消除尖峰噪声点后形成的小空洞可以使用三次插值法生成的点填充。Spring 2003 子集中选择出的 40 幅三维人脸图像作为训练集。该子集中的大多数三维人脸图像是在具有无人脸表情的受控照明条件下获取的。选用的 40 张人脸图像数据来自 40 个对象，包括不同的种族、性别及所包含三维点的数量。Fall 2003 子集和 Spring 2004 子集的 4007 幅三维人脸用作测试集。由于在测试集中存在 139 个二维—三维数据对应性很差的人脸图像，因此在去除上述有问题的人脸数据后，3868 个二维—三维数据对应性很好的人脸被选择为最终的数据集，以便不被其他因素干扰下更精确地评估检测定位的性能。

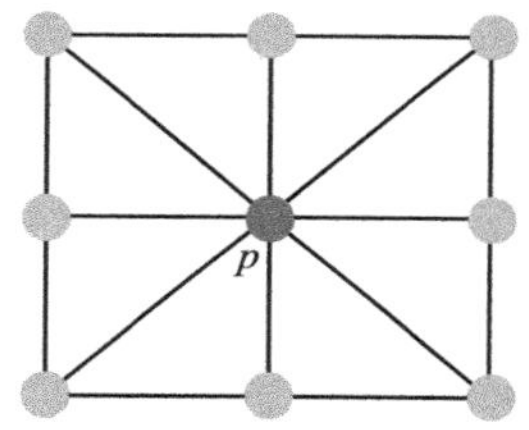

图 3－15　一个点 p 及其八个相连的相邻点

由于训练集中所有人脸都没有表情变化，而测试集中包含带有不同表情变化的人脸，因此表情变化可能会影响人脸器官或特征定位。为了评估人脸表情变化对特征定位的影响，我们将 FRGC v2 数据集（Fall 2003 子集和 Spring 2004 子集）分为两组：无表情变化人脸和类似带有表情变化的人脸。第一无表情人脸组包含 2128 张人脸图像，第二有表情人脸组包含 1740 个带有不同表情变化的人脸。这些子集的详细信息在表 3－1 中列出。

表 3－1　　不同的人脸测试集

集合	人脸图像类型	数量（个）
1	所有图像	4007
2	色彩位置与三维点阵匹配良好	3868
3	无表情	2128
4	有表情	1740

二、基于多轮廓曲面角矩描述符的鼻尖和内眼眦检测

首先，得益于罗梅罗等（2008）所完成标注的基准数据集的工作，我们可以使用这些标注好的人脸器官特征的准确位置来评估我们的实验结果。其次，我们使用了前述章节介绍过的基于多轮廓曲面角矩描述符的方法来定位鼻尖和两个内眼眦。图3－16显示了随着允许的误差距离增加，鼻尖和两个内眼眦的检测正确率的变化趋势。另外，使用以下标准，把这三个特征的定位结果可以显示在直方图中，如图3－17所示。

好：≤12mm

较差：≥12mm&≤24mm

失败：≥24mm

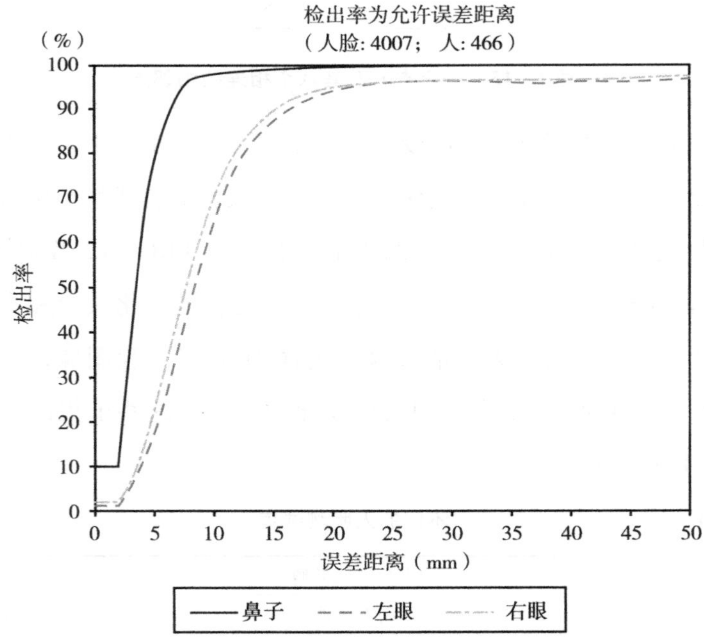

图3－16　全部 Fall 2003 与 Spring 2004 子集中进行鼻尖和内眼眦检测定位的误差距离累积曲线

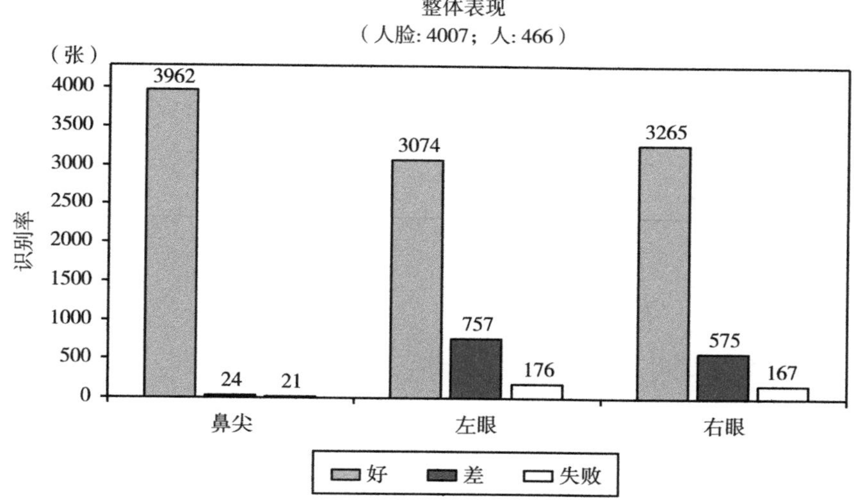

图 3－17　全部 Fall 2003 与 Spring 2004 子集中进行鼻尖和内眼眦检测定位结果的直方图

人类鼻子的宽度大约为 20mm，而我们使用的三维人脸图像的点阵数据是位于三维空间，因此我们可以放宽选择 24mm 作为阈值来确定特征定位的成功或失败。任何大于此值的误差距离将被视为检测和定位错误，低于此值一半的误差距离则被认为是基本正确检测到相应的特征位置点。

由于该标记点是位于二维数据通道的二维平面上，加上前面提到 FRGC 人脸图像数据库中部分人脸图像存在一些较差的二维数据与三维数据对应关系，因此误差距离不能完全代表定位的准确性。因此，我们还手动验证了 FRGC 三维人脸数据库，以便删除二维和三维中对应不良的那些人脸图像。如图 3－18 和图 3－19 所示，在良好的二维与三维对应数据集上应用多轮廓曲面角矩描述符检测和定位鼻尖与内眼眦的实验结果。当使用 Fall 2003 和 Spring 2004 子集作为测试集时，尽管这两个集合的人脸表现出很多不同的表情变化，但依然成功定位了超过 99.69% 的鼻尖点。左右内眼眦的定位和检测的成功率分别为 96.41%

和 96.80%。

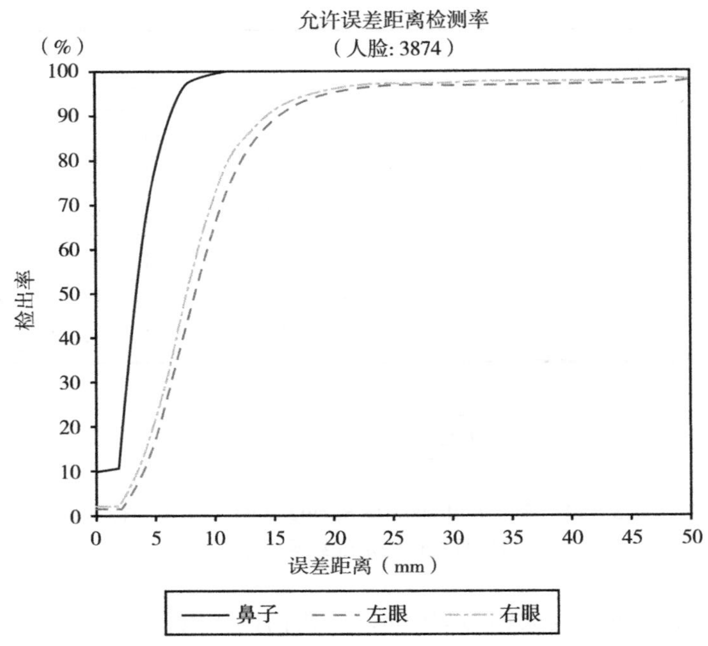

图 3-18　去除二维与三维图像数据不良对应的人脸图像之后 Fall 2003 和 Spring 2004 子集中进行鼻尖及内眼眦检测定位的误差距离累积曲线

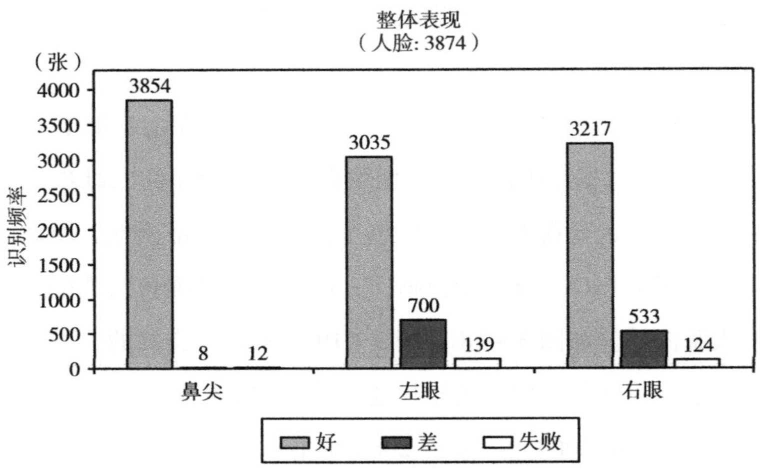

图 3-19　去除二维与三维图像数据不良对应的人脸图像之后 Fall 2003 和 Spring 2004 子集中进行鼻尖及内眼眦检测定位结果的直方图

三、基于多壳层曲面角矩描述符的鼻尖和内眼眦检测

图 3－20（a）为多轮廓曲面角矩描述符和多壳层曲面角矩描述符在鼻尖定位中的比较。尽管与使用多壳层曲面角矩描述符的系统相比，使用多轮廓曲面角矩描述符的系统在良好和较差（可接受）检测方面的准确性要高一些，但多壳层曲面角矩描述符系统的错误检测数量则更少，如图 3－20（b）的直方图中所示。与手动标记真实位置数据进行比较后，多轮廓曲面角矩描述符和多壳层曲面角矩描述符的平均误差距离分别为 3.8574mm 和 4.7174mm。从实验数据中提出二维与三维数据不良对应的人脸图像数据后，使用多壳层曲面角矩描述符的检测失败次数为零，而多轮廓曲面角矩描述符系统仍然有 11 个检测失败，如图 3－21 所示。表 3－2 总结了基于两个描述符之间的实验结果差异。

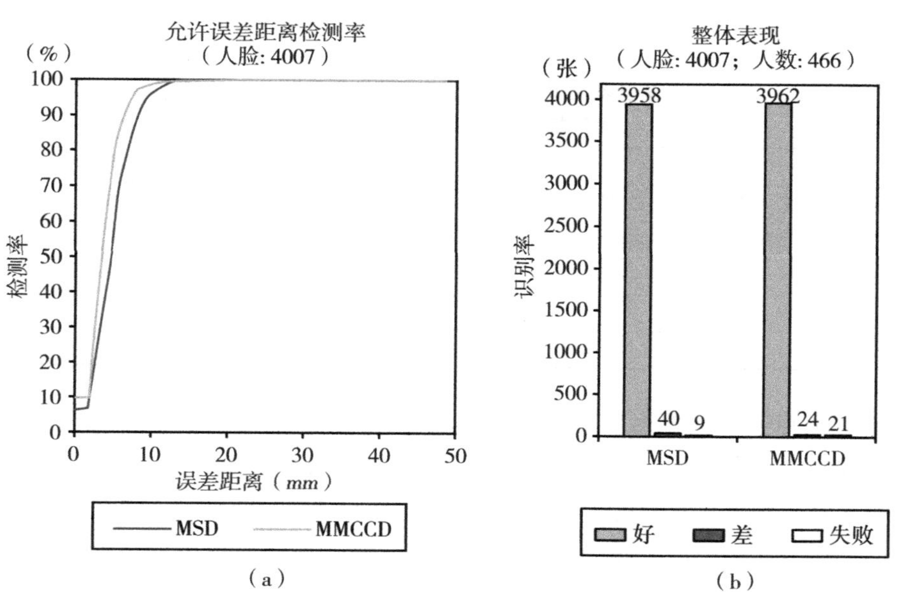

图 3－20　分别基于多壳层曲面角矩描述符和多轮廓曲面角矩描述符在 FRGC v2 所有人脸图像上的实验结果对比

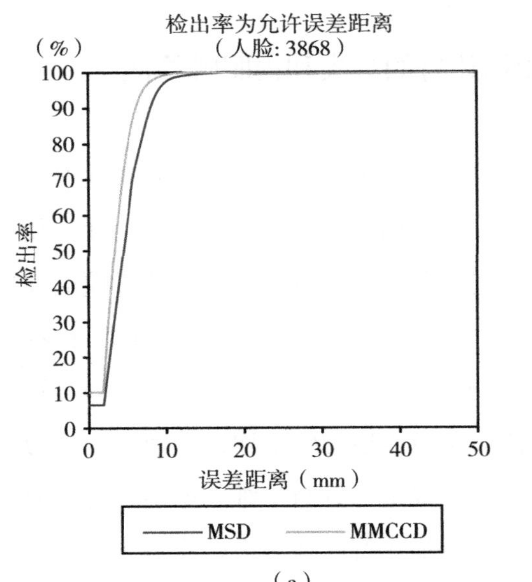

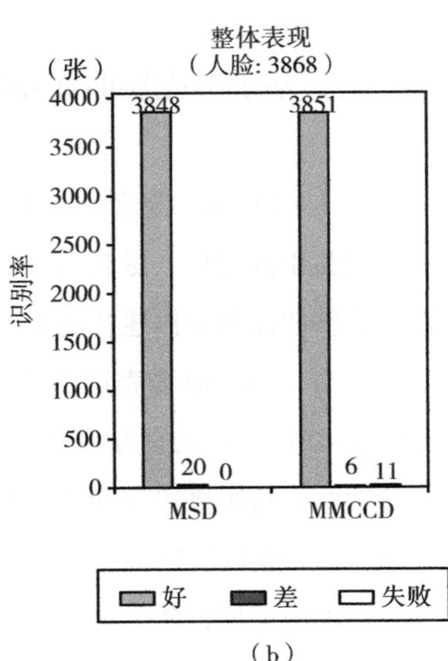

图 3－21　在 FRGC v2 人脸图像中去除有不良二维与三维数据对应的人脸后，分别基于多壳层曲面角矩描述符和多轮廓曲面角矩描述符进行实验的结果对比

表 3－2　基于多壳层曲面角矩描述符和多轮廓曲面角矩描述符的检测定位结果对比

项目	MSSAMD	MCSAMD
识别正确率（全部 FRGC v2 图像）（%）	99.78	99.48
识别正确率（二维—三维良好匹配图像）（%）	100	99.72
平均误差	4.72mm	3.86mm
姿态不变性	是	部分
计算成本	O（$n2$）	O（nm）（$m \ll n$）

在 FRGC v2 数据库中，由于某些未知原因，实际上有两个三维人脸图像根本没有鼻子，如图 3－22 所示。通过手动查看基于多壳层曲面角矩描述符的鼻尖检测结果，在 4007 张人脸中，只有这两个没有鼻子的人脸的鼻尖出现错误检测和定位。FRGC v2 数据库中的鼻尖定位检测率实际上为 99.95%。此外，即使在这两个无鼻子的人脸中，通过应用多壳层曲面角矩描述符所检测到的鼻尖位置也是非常靠近位于人脸中部的实际上的鼻子位置，如图 3－23 所示。

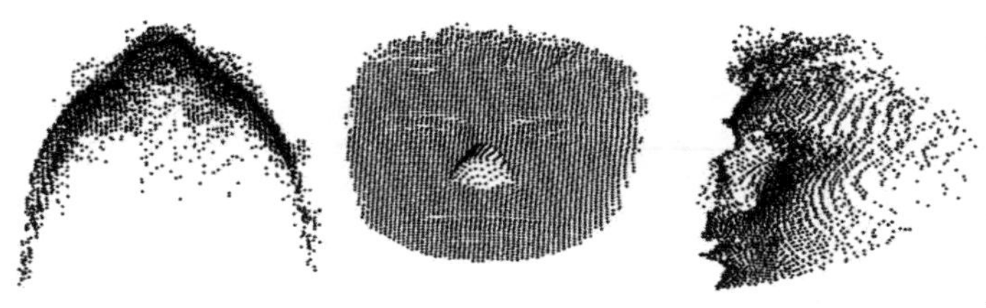

图 3-22　一个没有鼻子的三维人脸图像

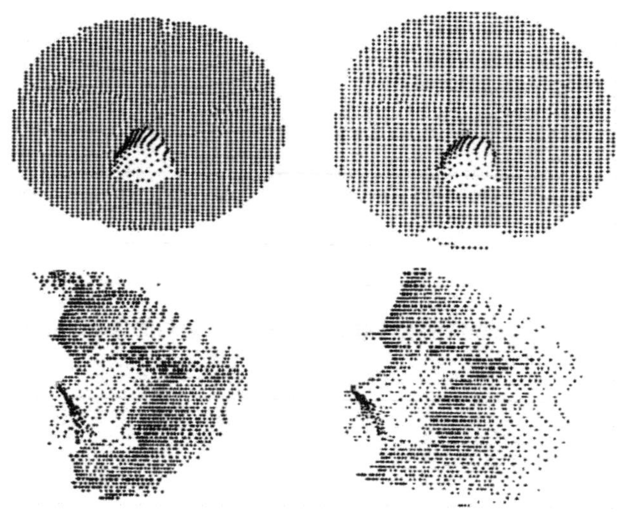

图 3-23　在两个错误的没有鼻子数据的三维人脸图像上依然定位到最可能和最接近实际鼻子的位置

四、表情变化对鼻尖定位结果的影响

表情变化可能会降低人脸器官或特征定位的性能，特别是在训练过程中我们仅使用了无表情的人脸。图 3-24 和图 3-25 分别显示了鼻尖在无表情人脸和有表情变化的人脸上的定位实验结果。从这些图中我们可以看到，表情变化导致的性能影响相对比较小。无表情人脸和有表情变化人脸的实验结果非常接近。表情变化没有导致性能下降的一个原因是，鼻子具备稳定的人脸器官特征，即使存在表情变化时其外形也是基本不会改变的。

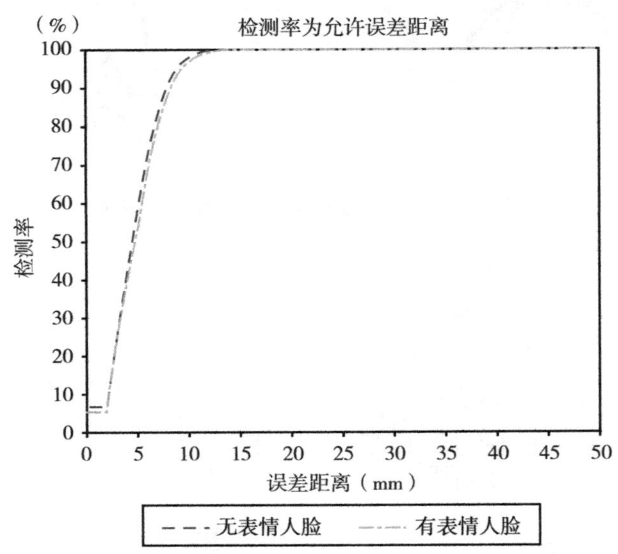

图 3－24　无表情和有表情人脸上的特征识别的误差距离曲线

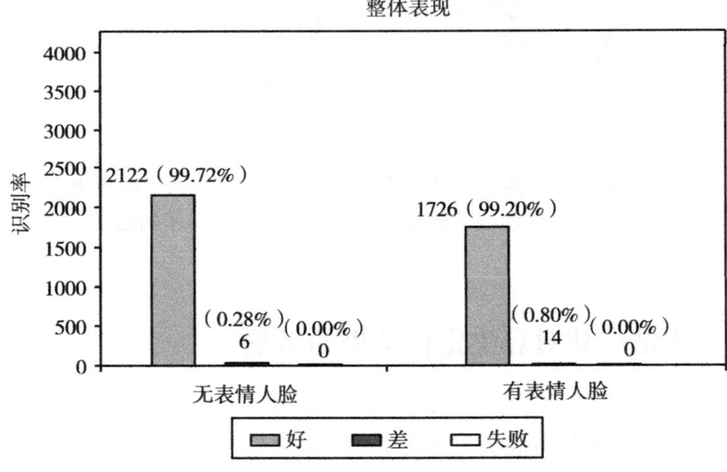

图 3－25　无表情和有表情人脸上的特征识别结果判断的直方图

五、与最新相关技术的比较

与某些在二维人脸检测中使用纹理信息的技术不同，此方法是纯粹的三维曲面形状分析，从根本上不会受照明或光照条件变化影响。同时，此方法也是一种不受姿态影响的方法。为了与使用 FRGC 数据库中 v1 和 v2 数据集的所有人脸的最新技术和方法进行比较，还在 FRGC v1 数据库中进行了鼻尖定位实验。实验结果表明在 943 张人脸上的鼻尖检测率为 100%。因此，综合所有数据集的实验结果，对于整个 FRGC 数据库的鼻尖检测率为 99.96%（只有 2 次因三维人脸图像错误的缺少而检测失败）。与使用其他最新技术的结果相比，多壳层曲面角矩描述符实现了最高的鼻尖定位检测率（见表 3－3）。

表 3－3　与最新的技术和方法进行比较的结果

指标	MSSAMD	Segundo [80]	Faltemier [35]	Pears [70]	Mian [63]
识别率（FRGC v2）(%)	99.95	99.95	98.20	无	无
识别率（FRGC v1& v2）(%)	99.96	无	无	无	98.30
识别率（良好二维—三维匹配）(%)	100	无	无	99.92	无
与基准数据比较	有	无	无	有	无
姿态影响	没有影响	部分影响	没有影响	没有影响	部分影响

第七节　结　论

本章介绍了一种基于两个三维曲面描述符和 AURA k－NN 算法的方法来识别和定位人脸器官及特征，特别是检测和定位鼻尖。多轮廓曲面角矩描述符在鼻尖检测方面的准确性略高，但多壳层曲面角矩描述符的检测错误率更低。对于具有姿态变化和其他噪声的数据库（如 FRGC v2），多壳层曲面角矩描述符是一种更适合的描述符，因为基于多壳层曲面角矩描述符的方法是一种完全不受姿势变化影响的方法，并且在鼻尖检测定位中获得零失败率。

内眼眦识别的识别定位结果相对不如鼻尖的好，这可能是因为内眼眦形状相对鼻尖更复杂。此外，与鼻子略有不同的是，来自不同个体人脸的内眼眦形状不是非常的统一，这增加了内眼眦的形态变化。在选择训练数据时，不一致或统一的手动操作也会使情况变得更加困难。

使用我们的上述方法，在具有不同表情变化的大型数据集（FRGC v2）中进行鼻尖定位，可以获得 99.95% 的识别率，证明了该方法的有效性。如果使用我们基于多壳层曲面角矩描述符的方法进行鼻尖定位的结果来检测定位并进一步修剪出主要人脸的区域，这些人脸可以被随后的人脸矫正、人脸识别的任务所使用。由本方法检测到的鼻尖位置非常接近实际的鼻尖位置，而且即使是 FRGC 数据库中无鼻尖的人脸图像也可以被继续使用，这意味着在鼻子检测人脸检测阶段没有数据损失。本方法为人脸检测、分割和进一步的人脸识别奠定了非常坚实的数据基础。

人脸检测定位和对齐

第一节　引　　言

为了实现三维人脸识别，首先我们需要知道人脸的主要区域在三维图像中的具体位置，尤其是当三维人脸图像中包括人脸、头发、衣服和其他物体等各种三维图像数据时。如果可以找到主要的人脸区域，则可以从原始三维图像的各种曲面数据中裁剪出人脸的主要区域，以便减少噪声和其他非脸部因素的干扰影响。鼻尖一般在人脸的中央，可以定义一个球心在鼻尖点的球体来从原始三维图像数据中修剪或剪切出人脸的主要区域。因此我们可以在上一章的鼻尖检测的基础上来执行检测并剪切出人脸主要区域任务。然而即使人脸区域被定位，大型脸部数据库中各种人脸的姿态依然存在不同的角度。头部姿态变化可能会导致人脸识别的性能下降。因此，需要使用一种有效的人脸姿态矫正方法以校正和统一所有人脸的姿势。另外，在进行姿态矫正时还需要处理表情变化和噪声等不利因素，特别是应该让属于同一个人的人脸图像数据都统一矫正为一致的人脸姿势以方便未来的人脸识别任务。

米安等（Mian et al.，2007）使用了基于主成分分析（PCA）的算法来纠正人脸姿势变化。但是，额外的图像数据干扰（如头发）、曲面空洞丢失数据和人脸扭曲变形都会影响这种方法的最终性能。另一个解决方案是基于迭代最近点算法（ICP）的人脸矫正方法。法尔特米尔等（Faltemier et al.，2008）提出了一种基于曲率和形状指数的鼻尖检测方法，然后使用迭代最近点算法（ICP）将整个输入图像对准已知的人脸模板从而实现姿态矫正。卡卡迪亚里斯等（Kakadiaris et al.，2007）则实现了一种多阶段姿态对齐矫正方法，该方法包括三个算法步骤：（1）基于自旋图像 Spin – image 的矫正；（2）基于迭代最近点算法的标准模板对齐；（3）Z 缓冲区 Z – buffer 模拟退火算法进行姿态对齐矫正。但是，两种方法在姿态矫正时都使用整个人脸区域进行与标准模板匹配对齐，而表情变化会使输入图像的整个人脸区域发生变化，导致匹配对齐的结果受到不良的影响。其他基于迭代最近点算法的方法尝试通过仅使用在表情变化下人脸形态变化较小的区域（如鼻子和眼睛周围）来解决表情变化造成的问题（Xu et al.，2009；Lu et al.，2006）。尽管从理论上讲，使用受表情变化影响最小的区域对表情变化的挑战是一种较为可靠的思路，但这种方法是基于一个重要假设：即鼻尖的检测定位需要非常精确且要保证没有任何检测，这在以往的研究中通常是很难取得的。

一种准确的三维人脸姿态矫正方法是进行随后的人脸识别任务几乎必需的前提和基础，这种方法尤其要能够将属于同一对象的人脸对齐矫正为完全统一和一致的姿态角度。在本章中，我们提出了一种集成步骤的、基于迭代最近点算法的创新性的人脸姿态矫正方法，用于匹配校正三维人脸图像。整个人脸姿态矫正过程被分为四个阶段，如下所示：

第一阶段：使用一个球心位于鼻尖（Nose Tip）的球体裁剪出人脸的主要区域，如上一章所述的方法。

第二阶段：根据其主成分分析坐标初步矫正球体裁剪所得到的三维人脸曲面。

第三阶段：利用脸部的对称性来实现进一步的姿态调整，尤其是沿 y 轴和 z 轴姿态进行微调。

第四阶段：通过使用迭代最近点算法优化 x 轴上的对齐方式，将目标人脸与已知的标准三维人脸模板进行匹配对齐，从而实现最终的精确姿态微调。

第二节 人脸定位

一个人的脸部不是一个完全不会变化的三维刚体曲面，情绪变化会导致产生不同的表情。一方面，不同的人脸表情会使人脸的外貌或形状发生变化而不同，这意味着三维人脸的一部分曲面发生了形态变化。因此，我们有必要找到在不同表情变化下人脸的三维曲面中保持形状不变的区域，这就需要定位某些人脸器官或者特征，如嘴、眼睛和额头等位置。但是，即使是之前最好的检测定位人脸器官特征的技术都不能保证达到100%的准确性（鼻子的定位除外）。另一方面，鼻子周围的范围是对于表情变化最为恒定不变的人脸上的子区域，这是因为只有一个与鼻子以及周边区域相关的人脸动作单元（facial action unit，FAU）（Hager et al.，2002）。人脸动作单元是在人脸动作编码系统（facial action coding system，FACS）中定义的基本单元，该人脸动作编码系统是对人的表情进行分类的系统，最初由埃克曼等（Ekman et al.，1978）在1976年引入。在该人脸动作编码系统中，解剖学意义上所有的人脸表情都可以被分解并与一些人脸动作单元（FAU）联系起来。表4－1列出了与人脸主要部位和器官有关的人脸动作单位的数量。

表4－1　与人脸上主要器官或者部位相关的人脸动作单元的数量

单元	鼻子	前额	眼睛	脸颊	嘴部	下巴
FAU	1	大于2	大于5	大于5	大于15	大于5

人脸检测定位的一种可能的解决方案是通过应用主成分分析（PCA）大致地校正人脸的位置。由于我们在前面已经可以检测并定位获得鼻尖的准确位置，因此我们可以提取鼻尖上方的人脸区域尽量避开表情变化。下一个步骤是使用迭代最近点算法（iterative closest point，ICP）将人脸与标准模板匹配对齐从而调整到标准姿态，然后再重新分割出人脸的最不受表情变化影响的区域。但是，即使人脸的主要区域已经被检测定位并被以鼻尖为中心的球体检测出来，仍然可能会有一部分头发被裁剪到主要人脸区域中的情况。因此，需要进一步进行姿态调整以提高姿态校正的准确性。

在上一章中，鼻尖已经可以被成功识别和定位。鼻尖的位置在脸部中央，所以使用鼻尖作为球体的中心，可以从原始的三维图像中提取出人脸的主要区域。根据一些相关人脸处理技术，使用半径为 80～100mm 的球体是一个合适的裁剪人脸区域的尺寸（Mian et al.，2007；Faltemier et al.，2008；Queirolo et al.，2010）。在本书中，选择 100mm 作为该球体的半径以裁剪出人脸的主要区域，以便尽可能多地保留人脸相关的信息。图 4－1 为如何从一幅图像中裁剪出人脸的主要区域。

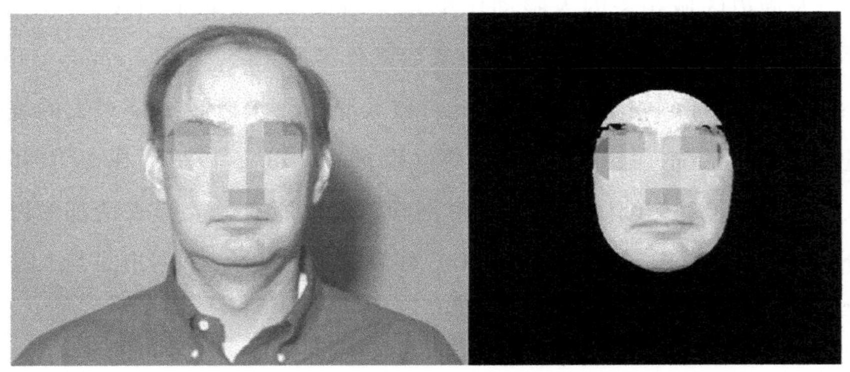

图 4－1　从一副图像中裁剪出人脸

注：左图是原始人脸图像，右图是使用球体（中心在鼻尖，半径 $r=100$mm）裁剪出的人脸主要区域。

第三节 基于主成分分析的人脸姿态校正方法

根据在第四章第二节中获得的结果，人脸实际上是一个三维的曲面形状，其中心最凸出的位置是鼻尖。人脸的三维形状比较类似一个不规则的桶形曲面。在图4－2的示例中我们可以观察到，人脸三维尺寸中 c 的长度小于 a 和 b 的长度，b 的长度大于 a 的长度。研究人员在相关的研究中（Mian et al.，2007；Zhang et al.，2006）已经各自阐明了这一事实。

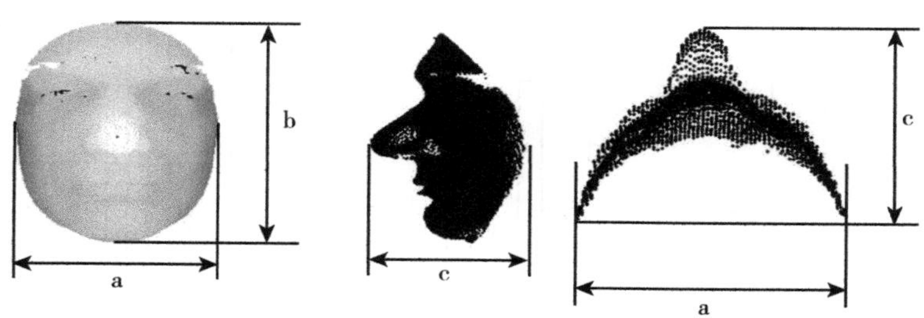

图4－2　a，b，c 分别是一个人脸在三维坐标系中的宽（width）、高（height）、深（depth）

因此，根据 a，b，c 等点的分布信息，可以将前三个最大的主成分（pricipal component）用作 x，y，z 坐标轴。理论上所有人脸的姿势都可以调整到一致的坐标系中。首先，令 $p_i(x_i, y_i, z_i, 1 \leqslant i \leqslant n)$ 表示一个人脸三维曲面 S 中的一个点，该人脸曲面共有 n 个三维点。以 m 为所有 p_i 的均值向量：

$$m = \frac{1}{n}\sum_{i=1}^{n} p_i \tag{4-1}$$

则可以得出协方差矩阵 C：

$$C = \frac{1}{n}\sum_{i=1}^{n}(p_i - m)(p_i - m)^T \tag{4-2}$$

其次，通过对协方差矩阵 C 执行主成分分析，可以得出特征向量矩阵 V 和特征值对角矩阵 D：

$$CV = DV \tag{4-3}$$

然后三个特征值 $\lambda_1 \geqslant \lambda_2 \geqslant \lambda_3$ 和三个相对应的特征向量 ν_1、ν_2、ν_3 可以被计算出来。如前述讨论，由于被裁剪出的人脸的特殊形状构成人脸的三维点云的最小分布是沿着脸部表面的法线方向。图 4-3 显示了高度、宽度和深度之比的直方图。因此，特征向量 ν_3 表示整个人脸曲面的法线方向，而 ν_1 和 ν_2 则表示垂直和水平方向。根据主成分分析的定义，矩阵 V 也可以成为一个旋转矩阵（rotation matrix），用于将人脸三维曲面 S 的坐标转换为上述三个特征向量的方向：

$$S_{new} = V \cdot (S - m) \tag{4-4}$$

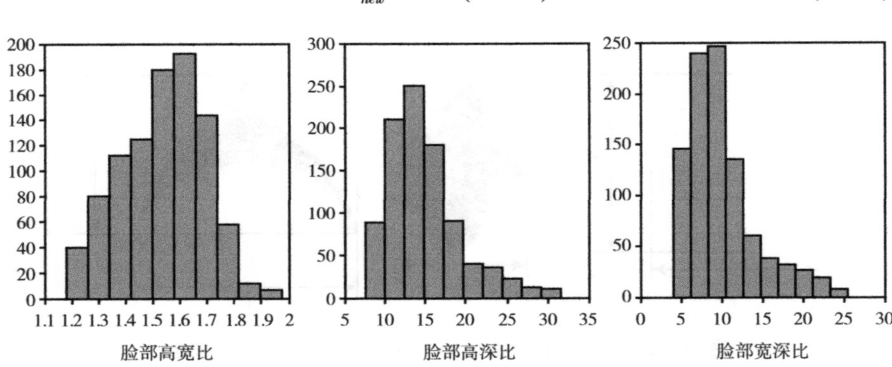

图 4-3　沿深度（depth）方向的分布是最小的；沿高度（height）方向的分布在三个方向中最大

图 4-4 为采用主成分分析方法进行姿态调整后的一些人脸。大多数人脸都处于良好的标准正前视姿态。但是，我们依然可以发现某些人脸的姿态依然偏差很大。从这些未能成功归一化姿态的人脸中，我们可以发现导致未对齐的原因之一是各种头发的形态造成人脸曲面的不对称形状（见图 4-5）。在某些情况下（图 4-6 中显示了一个例子），个别人脸某些位置的曲面空洞（数据缺失）也会导致未能用主成分分析方法调整到标准的正前视姿态。另外，人脸图像中未知原因导致的三维曲面变形

（如图4－7所示）也会影响姿态调整的准确性。由于这些基于主成分分析姿态调整方法中的缺陷，还需要进一步使用姿态微调的方法来改善性能。

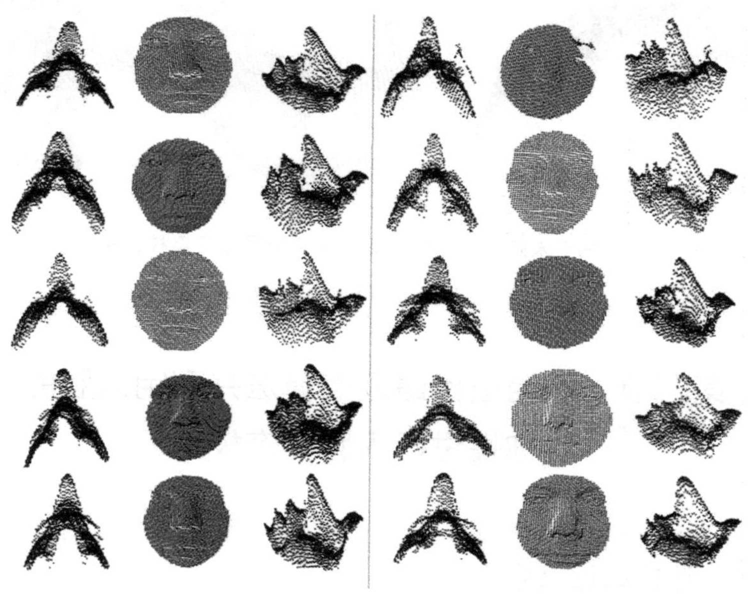

图4－4　实施基于主成分分析的人脸姿态校正方法后的一些人脸示例

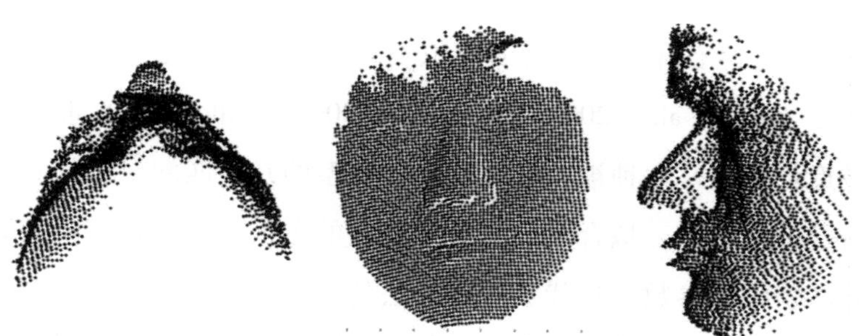

图4－5　一个由于头发导致姿态校正失败的例子

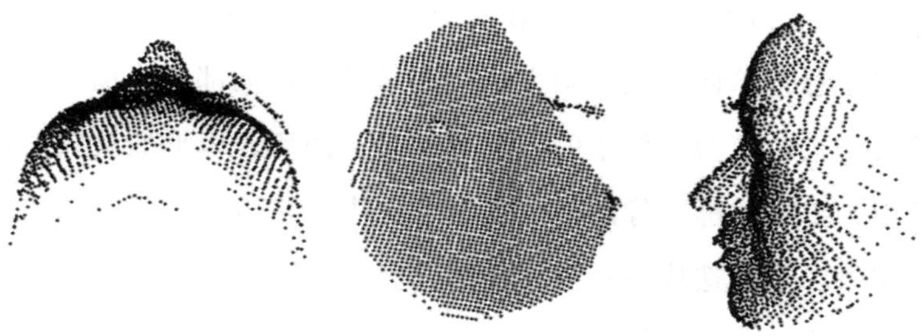

图4－6　一个由于数据缺失导致姿态校正失败的例子

图 4-7　一个由于未知原因人脸曲面扭曲变形导致姿态校正失败的例子

第四节　使用迭代最近点算法并利用人脸的对称性进行人脸姿态校正

一、迭代最近点算法

目前，已经有许多先进的人脸识别方法将迭代最近点算法用于调整人脸姿态（Xu et al.，2009；Lu et al.，2006；Faltemier et al.，2008）。迭代最近点算法是一种被广泛用于三维模型的几何匹配对齐的算法，主要是通过将目标点云拟合到已知三维模型的点云，从而计算出需要的位移和旋转矩阵的参数。迭代最近点算法的整体思想是使目标点和模型点之间的平方误差之和最小，然后估算适当的变换以使目标点与模型点对齐。贝塞尔等（1992）提出了第一个迭代最近点算法，并证明了迭代最近点算法总是单调收敛到均方距离度量的最近局部最小值，计算目标图像中每个点与模型图像中的点之间的最小距离，以形成旋转矩阵。重复该过程，直到目标图像的点到模型图像中最接近点的平方误差距离降至预设阈值以下。迭代最近点算法的完整过程如图 4-8 所示。

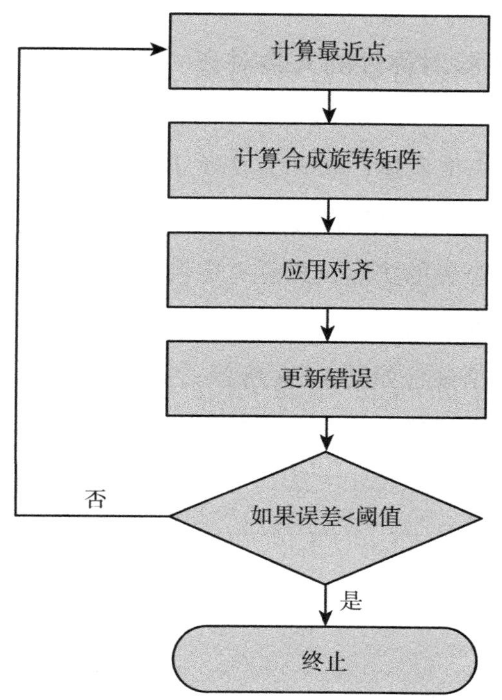

图 4－8　迭代最近点算法（ICP）的算法步骤

自贝塞尔等（1992）引入迭代最近点算法以来，基于点的不同选择和最小化策略的匹配，很多迭代最近点算法的变体和改进被持续创造出来。迭代最近点算法的这些变体和改进的主要区别在于收敛的准确性和性能有所不同（Rusinkiewicz et al.，2001）。在本书中，我们将忽略迭代最近点算法这些变体的差异，使用迭代最近点算法基于人脸的对称性提出一种精确的人脸姿态校正和调整算法，使用贝斯尔等（1992）首先提出的迭代最近点算法的基本概念和算法来获取其基准性能。附录 B 中显示了贝塞尔迭代最近点算法的详细信息。如果基于此算法的人脸姿态调整可以满足后续人脸识别任务的要求，那么使用迭代最近点算法或其他图像配准方法能够更有效地改进算法或者变体也将是可行的，并且可以进一步提高姿态校正、调整的准确性和效率。

二、基于人脸对称性的人脸对齐

如第四章第三节所述，基于主成分分析的人脸姿态校正方法无法处理曲面空洞、头发因素和图像扭曲变形的问题。此外，如果鼻尖的自动定位位置与鼻尖的实际位置有一定误差，则可能会影响裁剪后的人脸区域的对称性。因此，基于主成分分析的人脸姿态调整方法可能会产生不准确的结果，如图4－9所示。从图4－9我们可以看到，一方面鼻尖定位的不精确使得裁剪后的人脸区域略有不对称，应用基于主成分分析的人脸姿态校正方法，不对称的人脸曲面会导致姿态校正不完全。

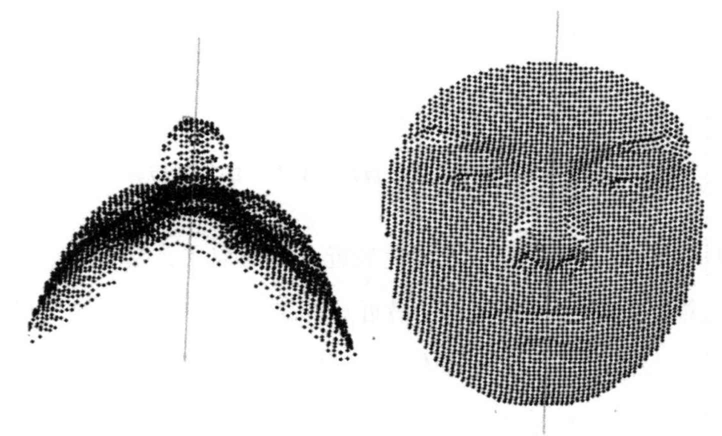

图4－9　由不正确的鼻尖定位引起的人脸姿态校正失败的示例

注：脸部中间小方块是前一个步骤检测定位出的鼻尖位置。由于鼻尖定位偏左，导致脸部左侧包含的点数目略多。

另一方面，人脸可以看作三维坐标系中沿 *OYZ* 平面的对称曲面，如图4－10所示。有几种利用人脸对称性来实现人脸校正或对齐姿态的方法，我们可以通过利用人脸的对称性来优化基于迭代最近点算法的人脸姿态校正。

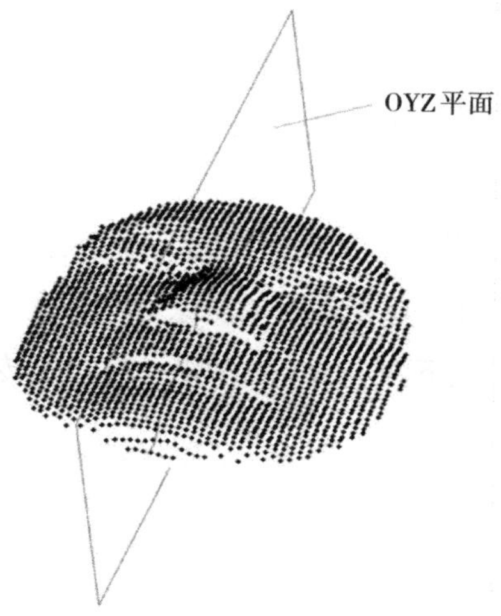

图 4－10　人脸关于 *OYZ* 平面的三维对称曲面

如果有一个三维人脸图像 $F=(X_t,Y_t,Z_t)$，我们可以定义一个镜面作为模型面 M：

$$M=F_{mirror}=(-1\cdot X_t,Y_t,Z_t) \tag{4-5}$$

通过使用迭代最近点算法，如果将某一个被调整姿态的人脸的镜像用作基准模型人脸，则将目标人脸进行旋转以适合基准模型人脸。根据计算机图形学的原理，每个三维旋转都是围绕 x 轴、y 轴、z 轴的三种旋转的组合（Foley et al.，1983）：

$$R=R_y(\theta)\cdot R_x(\alpha)\cdot R_z(\beta) \tag{4-6}$$

$$R_y(\theta)=\begin{bmatrix}\cos(\theta) & 0 & -\sin(\theta) & 0\\ 0 & 1 & 0 & \\ \sin(\theta) & 0 & \cos(\theta) & 0\\ 0 & 0 & 0 & 1\end{bmatrix}$$

$$R_x(\alpha)=\begin{bmatrix}1 & 0 & 0 & 0\\ 0 & \cos(\alpha) & \sin(\alpha) & 0\\ 0 & -\sin(\alpha) & \cos(\alpha) & 0\\ 0 & 0 & 0 & 1\end{bmatrix}$$

$$R_z(\beta)=\begin{bmatrix}\cos(\beta) & \sin(\beta) & 0 & 0\\ -\sin(\beta) & \cos(\beta) & 0 & 0\\ 0 & 0 & 1 & 0\\ 0 & 0 & 0 & 1\end{bmatrix}$$

模型人脸与目标人脸相差的旋转由沿三个坐标轴的旋转组合而成。由于模型人脸是目标人脸在 oyz 平面上的镜像对称人脸，沿 x 轴的旋转角度 α 等于零（无旋转），还剩下两个沿 y 轴和沿 z 轴的旋转组合。如图 4－11 所示，如果目标人脸沿 y 轴旋转角度为$\frac{\theta}{2}$，沿 z 轴旋转角度为$\frac{\beta}{2}$，则目标人脸的姿态可以被旋转调整到一个期望的正前视标准姿势，如图 4－12 所示。

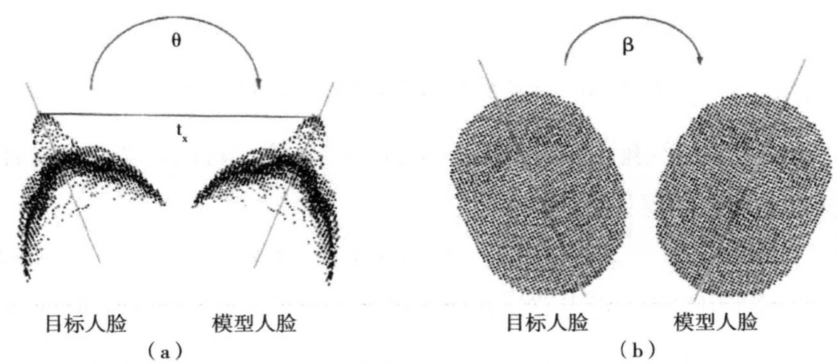

图 4－11　从目标人脸到模型人脸（沿着 *OYZ* 平面镜面对称）分别沿 *y* 轴（a）和 *z* 轴（b）旋转示意

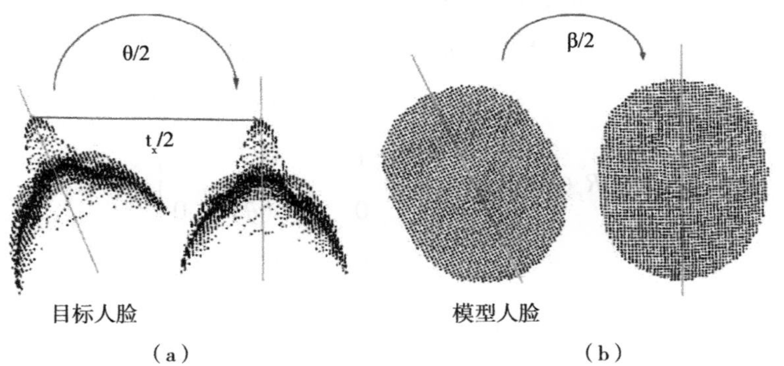

图 4－12　正前视姿态示意

注：根据应用迭代最近点算法（ICP）旋转目标人脸到其镜面人脸生成的 θ 和 β，取各自旋转角度的一半即可将目标人脸旋转调整到理想的正前视姿态。

我们可以用目标人脸来匹配镜面人脸。在目标人脸模型和镜像人脸模型之间应用迭代最近点算法后，可以计算出旋转矩阵 R 和变换矩阵 T。给定旋转矩阵：

$$R=\begin{bmatrix} r_{11} & r_{12} & r_{13} & r_{14} \\ r_{21} & r_{22} & r_{23} & r_{24} \\ r_{31} & r_{32} & r_{33} & r_{34} \\ r_{41} & r_{42} & r_{43} & r_{44} \end{bmatrix}$$

根据上述公式，我们可以推算出：

$$r23=\sin(\alpha) \tag{4-7a}$$

$$r13=-\sin(\theta)\cos(\alpha) \tag{4-7b}$$

$$r21=-\sin(\beta)\cos(\alpha) \tag{4-7c}$$

因此，我们可以分别计算出旋转角度 α、β、θ 分别为：

$$\alpha=\arcsin(r23) \tag{4-8a}$$

$$\theta=\arcsin[-r13/\cos(\alpha)] \tag{4-8b}$$

$$\beta=\arcsin[-r21/\cos(\alpha)] \tag{4-8c}$$

我们已经知道用于对照匹配的模型人脸是目标人脸对于 x 轴的一个镜像，因此沿 x 轴的旋转分量为 0。合成旋转主要由围绕 y 轴和 z 轴的旋转分量组成。如果一个旋转的定义如下：

$$\alpha_{new}=0 \tag{4-9a}$$

$$\theta_{new}=\theta/2 \tag{4-9b}$$

$$\beta_{new}=\beta/2 \tag{4-9c}$$

转换矩阵 $T=[t_x,t_y,t_z]$ 可以通过应用迭代最近点算法（ICP）来计算。然后可以将新的转换矩阵定义为：

$$T_{new}=[\frac{tx}{2},0,0] \tag{4-10}$$

根据新的旋转矩阵 R_{new} 和转换矩阵 T_{new} 对目标人脸进行旋转变换。通过旋转将目标人脸的姿态调整到一个新的位置：

$$F_{new}=R_{new}\cdot F+T_{new} \tag{4-11}$$

即使当检测和定位出的鼻尖位置与鼻尖存在一定距离或误差时，由于 $\frac{t_x}{2}$ 的计算，检测定位出的鼻尖位置与实际鼻尖位置的误差距离也会被抵消，鼻尖位置被修正到三维坐标系的 *oyz* 平面上，如图 4－13 所示。因此，该旋转的另一个效果是，自动定位的鼻尖位置沿 *x* 轴的误差距离进一步减小为零。

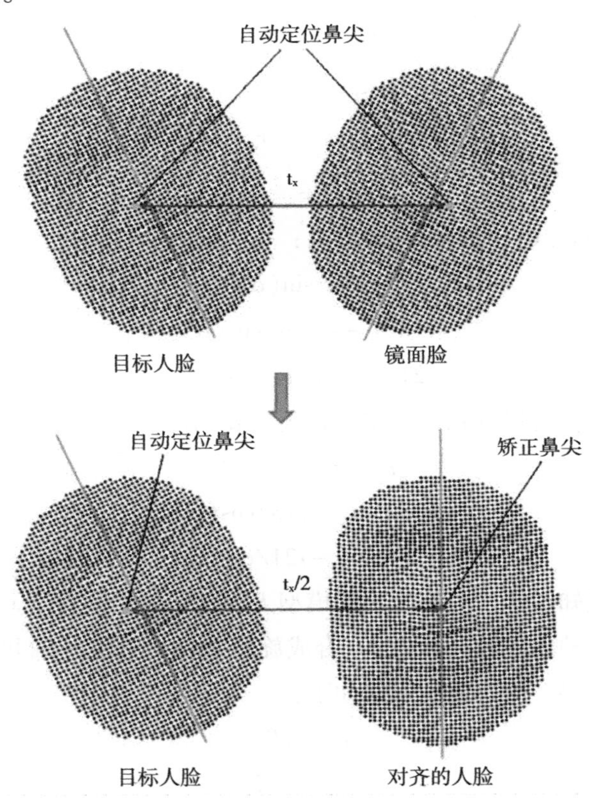

图 4－13　鼻尖的位置通过实施转换矩阵 $[\frac{tx}{2}, 0, 0]$ 被进一步校正示意

人脸表情变化可能会导致人脸形成一些不对称的形状，从而影响上述基于镜面人脸模型的姿态调整的精度。然而大多数人脸表情都出现在嘴附近的区域，而鼻尖周围的人脸区域是受表情变化影响最小的区域。因此，我们可以在鼻尖周围使用一个球体来裁剪一个更小范围的人脸曲面，作为相对于表情不变且保证对称的人脸区域。另外，头发也可能影响人脸的对称性。因此如图 4－14 所示，我们选择 45mm 作为该球体的半径，以避免头发的不利影响，保持该区域的对称性，并尽可能地包含足够多的人脸数据。整个过程如图 4－15 所示，目标人脸仅旋转到与镜面人

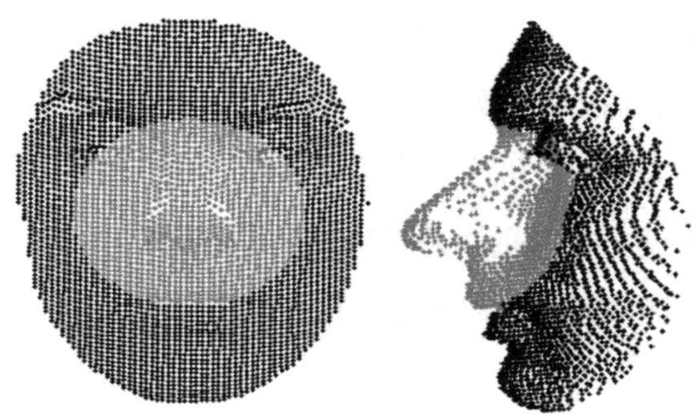

图 4－14　人脸中心区域实际参与镜面人脸模型进行比对校正示意

注：因为该区域是最不受表情和头发等因素影响的区域。

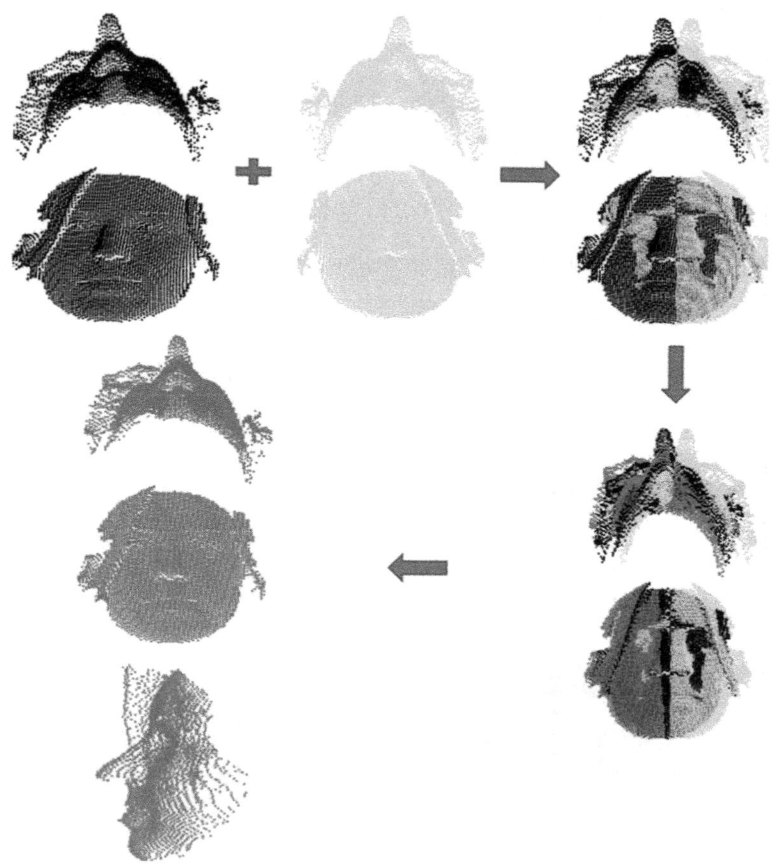

图 4－15　人脸调整示意

注：最上边左侧的人脸是需要调整姿态的目标人脸，最上边中间的人脸是目标人脸关于 *oyz* 平面的一个镜像，下边右侧的人脸是应用基于人脸对称性算法调整后的人脸。

脸模型匹配对齐所需的旋转角度的一半。由于人脸是对称曲面，因此在旋转之后目标人脸的姿态正好是正前视图的姿态。

最后，使用人脸对称性实现人脸姿态校正调整会产生两个结果：

（1）鼻尖位置沿 x 轴的误差被减小为零；

（2）沿 y 轴和 z 轴的人脸姿态的误差最小化。

三、使用不受表情影响的人脸区域的迭代最近点算法的人脸姿态校正

一方面，在基于人脸对称性的人脸姿态校正和调整之后，我们会观察到目标人脸沿 x 轴的姿态没有得到很好的调整校正，并且检测定位出的鼻尖的位置沿 y 轴和 z 轴与实际鼻尖位置相比仍然存在一定误差。另一方面，人脸具有基本上相似的人脸器官组成和特征结构。因此，可以通过将目标人脸旋转调整到标准位置来与另一个标准姿态的人脸进行对齐。图4－16为使用迭代最近点算法将两个人脸匹配在一起的示例。如果暂时忽略由于人脸表情变化而导致的姿态校正的不精确性，则来自同一个人的人脸会具有完全相同的三维曲面形状。因此，当将这些人脸适配到来自属于另一个人的标准人脸模板时，它们被调整和校正后的姿态看起来应该是几乎完全相同，每个人脸器官和特征都会对准基本相同的位置，

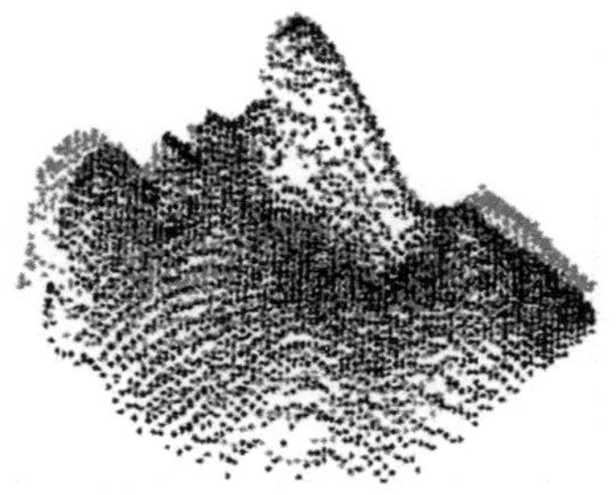

图4－16　通过应用迭代最近点算法将一个人脸与另一个标准姿态人脸模板相匹配对齐示意

这样还可以进一步提高鼻尖检测和定位的精度。由于属于同一个人的人脸图像比来自不同个人的人脸图像具有更多的共同点，因此，如果人脸上的器官或特征（特别是鼻尖）来自同一个人，则这些人脸器官与特征也将被校正和调整到几乎相同的位置。如图4－17所示，三张人脸图像与属于不同人的标准人脸图像进行对齐，他们每个人都获得了一个非常接近一致的姿态和位置。

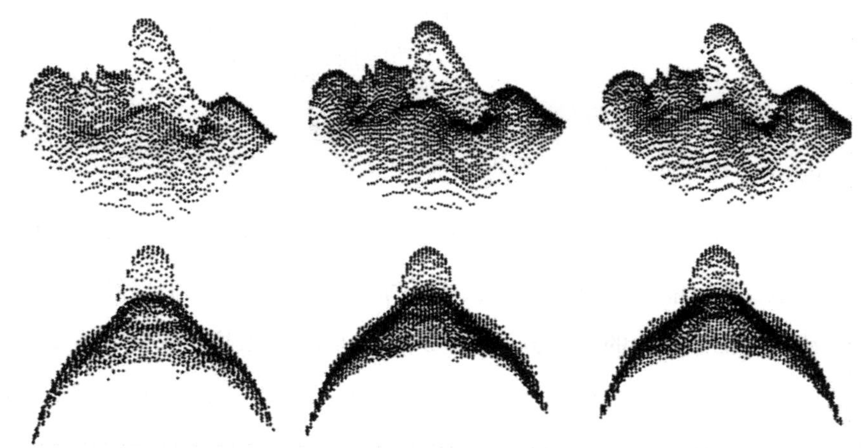

图4－17　三张人脸图像与属于不同人的标准人脸图像对齐示意

注：应用迭代最近点算法在将每个人脸分别匹配对齐标准人脸模板后，来自同一个人的三张人脸图像获得了几乎一致的姿态。

为了减少由表情变化引起的姿态误差的情况，需要在姿态校正和对齐中使用对表情不敏感的人脸区域。在基于人脸对称性的人脸姿态校正中，沿 y 轴和 z 轴的姿态误差已降至最低。因此我们就有可能定义一个如图4－18所示的区域（因为此时的人脸已经是一个对 oyz 平面对称的三维曲面）。这个区域包含的鼻子、眼睛、前额区域等位置的三维曲面形状受表情影响变化最小。在某些极端和特殊情况下，由于鼻尖位置的误差过大，如果我们使用相同半径的球体来裁剪这个对表情变化不敏感的区域，再应用迭代最近点算法进行姿态校正和对齐，则目标人脸区域存在可能超出模板人脸的范围。所以在标准人脸模板中裁剪表情不变的区域时需要比目标人脸的相应区域略大一些（半径＝75mm），以保证有足够的人脸特征被包含进来，从而提高匹配对齐的成功率，避免意外的情况导致错误结果。

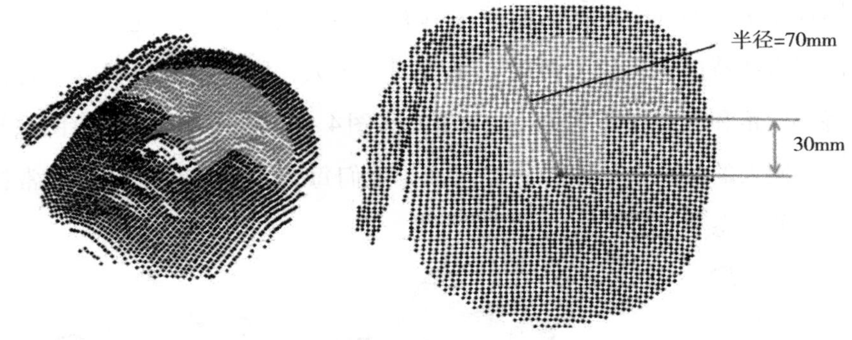

图 4－18　影响区域示意

注：应用迭代最近点算法时，仅使用目标人脸上受表情影响最小的区域内的点。

但是，如图 4－19 所示，人脸上部的区域可能会受到头发等不利的影响，发型变化可能会导致三维形状不对称。幸运的是，我们已经根据人脸的对称性调整了人脸的一部分姿态。人脸的形状，尤其是在对表情变化不敏感的区域中的三维曲面形状，应该已经是相对 oyz 平面对称的形状了。因此某个点的 z 值应与其相对 oyz 平面镜像对应点（具有相同的 y 值和 $-x$ 值）相同。因此，可以通过找到与人脸镜像的相应点相比更大的 z 值（通过定义阈值）来检测头发。然后在应用迭代最近点算法之前将这些与镜像对称

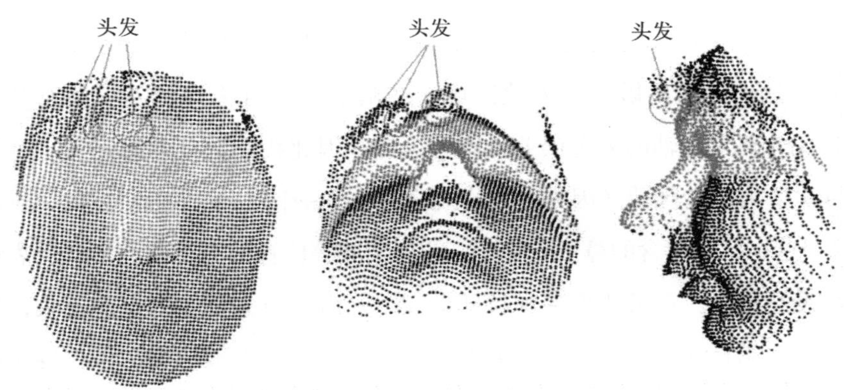

图 4－19　人脸上部区域可能会受头发等不利影响示意

注：头发的不规则形状可能会破坏对表情变化不敏感的区域中三维曲面形状的对称性。头发和发型因素导致的不利噪声也会影响基于 ICP 的人脸姿态调整与校正结果。

点的 z 值不一致的点删除，以减少这些点对姿态匹配校正的不良影响。

与其他基于迭代最近点算法的人脸对齐方法使用整个复合旋转矩阵来旋转目标人脸的方式不同，我们仅使用有关沿 x 轴旋转的数据来对齐和调整目标人脸的姿态（Xu et al.，2009；Lu et al.，2006；Faltemier et al.，2008）。给定由迭代最近点算法和公式（4－8a）生成的复合旋转矩阵，我们可以获得沿 x 轴、y 轴和 z 轴的旋转角度 α、θ、β。由于我们已根据人脸的对称性将人脸姿态中的 y 轴和 z 轴上的不对齐程度降至最低，因此在这里我们只需要沿 x 轴的旋转角度 α 来调整目标人脸的姿态即可。然后可以使用以下公式计算旋转矩阵 R：

$$R = R_y(\theta) \cdot R_x(\alpha) \cdot R_z(\beta) \tag{4-12}$$

而 $\theta = 0$ and $\beta = 0$，所以得到：

$$R_y(\theta) = \begin{bmatrix} \cos(\theta) & 0 & -\sin(\theta) & 0 \\ 0 & 1 & 0 & 0 \\ \sin(\theta) & 0 & \cos(\theta) & 0 \\ 0 & 0 & 0 & 1 \end{bmatrix} = \begin{bmatrix} 1 & 0 & 0 & 0 \\ 0 & 1 & 0 & 0 \\ 0 & 0 & 1 & 0 \\ 0 & 0 & 0 & 1 \end{bmatrix}$$

$$R_z(\beta) = \begin{bmatrix} \cos(\beta) & \sin(\beta) & 0 & 0 \\ -\sin(\beta) & \cos(\beta) & 0 & 0 \\ 0 & 0 & 0 & 0 \\ 0 & 0 & 0 & 1 \end{bmatrix} = \begin{bmatrix} 1 & 0 & 0 & 0 \\ 0 & 1 & 0 & 0 \\ 0 & 0 & 1 & 0 \\ 0 & 0 & 0 & 1 \end{bmatrix}$$

$$R_y(\alpha) = \begin{bmatrix} 1 & 0 & 0 & 0 \\ 0 & \cos(\alpha) & \sin(\alpha) & 0 \\ 0 & -\sin(\alpha) & \cos(\alpha) & 0 \\ 0 & 0 & 0 & 1 \end{bmatrix}$$

而转换矩阵 T 可以由以下公式计算得出：

$$T = [0, y_{template}, 0] \tag{4-13}$$

其中，$y_{template}$ 是标准人脸模板中鼻尖在三维坐标系中的 y 值。

在此基础上，我们可以应用式（4－11）实现完整的复合旋转。此外，在应用迭代最近点算法姿态校正后，还可以通过使用标准人脸模板的鼻尖将目标人脸的鼻尖重新定位。鼻尖的新位置使用标准脸部模板的鼻尖位置的 x、y 值作为新鼻尖位置的相应 x、y 值，来找到目标人脸内最接近的点的 z 值。图 4－20 演示了如何实现鼻尖重新定位修正的示例，该过程可以进一步提高鼻子定位的准确性，尤其是当属于相同个体的人脸由于具有相似形状，从而可以减少它们之间的鼻子定位的误差。使用对表情变化不敏感的区域进行基于迭代最近点算法的姿态校正和调整对齐后，全部人脸的姿态都实现了精确调整到所期望的正前视图的姿态。此外，将重新精确定位修正的鼻尖的位置定义为人脸所在三维坐标系的零点，所有人脸还可以都被转移到统一的坐标系中，如图 4－21 所示。

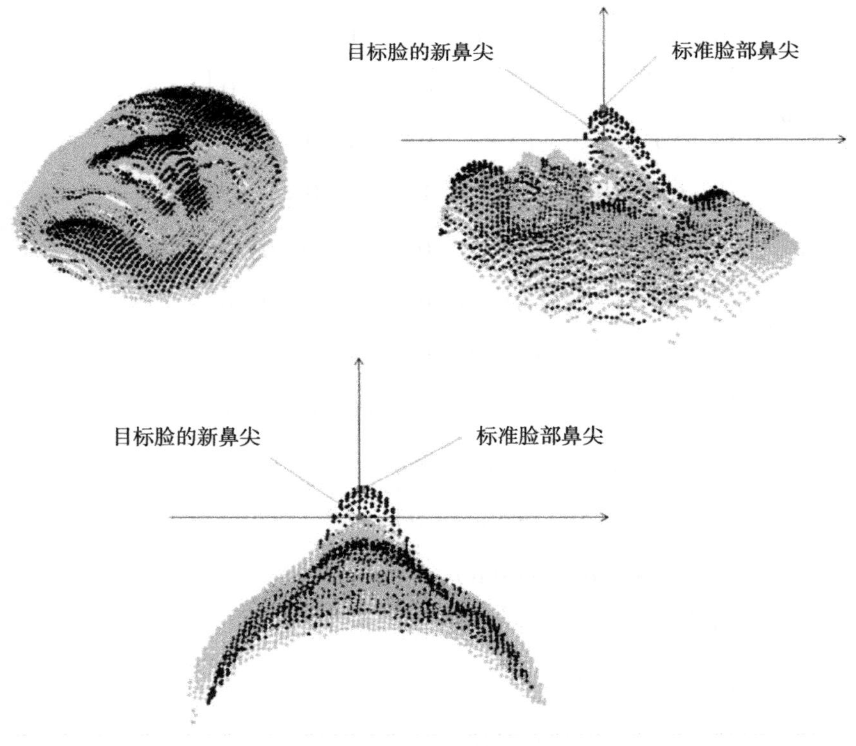

图 4－20　鼻尖的位置被重新定位修正示意

注：使用标准人脸模板的鼻尖位置的 x、y 值修正鼻尖位置。

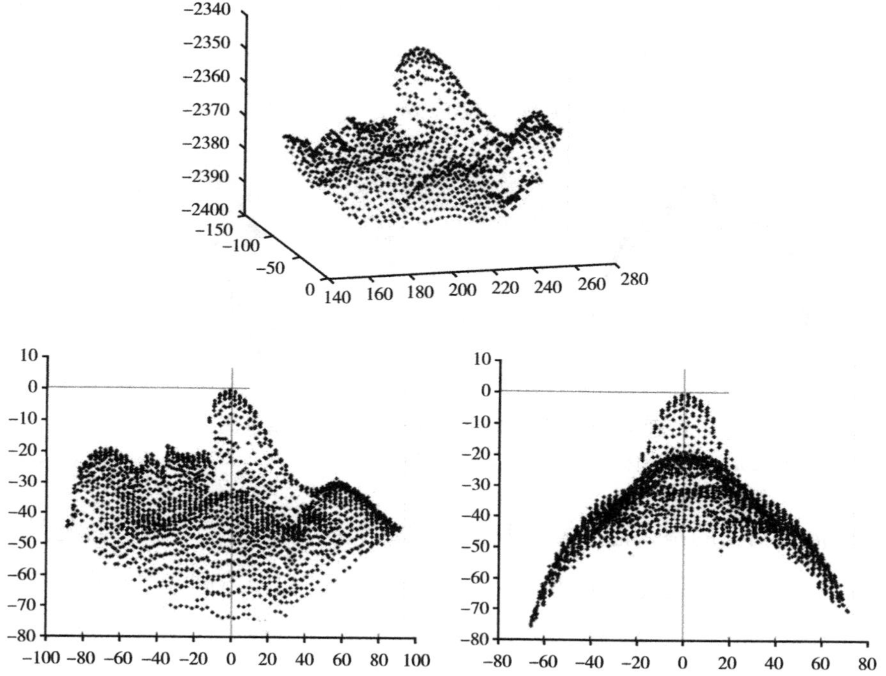

图 4-21 目标人脸被移动到新的三维坐标系示意

注：鼻尖移动到坐标系的中心原点位置。

第五节 评　估

在本章中，我们使用 FRGC v2 作为实验数据库来评估人脸姿态校正方法的性能。为了加快数据的处理和计算速度，数据库中的人脸图像的分辨率从 640×480 降为 160×120。尽管在数据采集过程中被拍摄的对象会被要求正向注视相机，从而获得一个正前视的姿态，但是仍然有相当部分的人脸出现姿态变化。

应用基于主成分分析的方法调整人脸姿态后，大约有 10% 的人脸图像看起来依然还有某种程度的不标准姿态。应用我们上述介绍的集成的人脸姿态校正方法之后，通过手动检查未发现可观察到的姿态未校正的情况。如图 4－22 所示，即便对于由于某种原因人脸图像数据中缺少鼻子的人脸也可以实现被校正到正确的标准姿态。

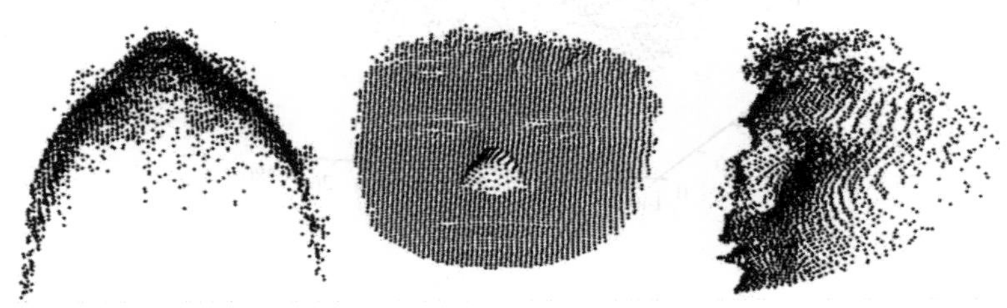

图 4－22　鼻子缺失的某个人脸的三维视图

注：即使是没有完整鼻子的人脸也可以被校正到标准姿态。

需要指出的是，把本章中我们提出的人脸姿态校正方法与其他最新相关技术进行性能比较并不容易。我们尝试通过比较不同的人脸姿态校正方法在 FRGC v2 人脸数据库中所有人脸的类内和类间差异。FRGC v2 人脸数据库可以被分为两类：无表情人脸（2182 个人脸）和有表情人脸（1825 个人脸），用来测试人脸姿态校正的性能以及应对表情变化的能力。我们将当前的最新相关人脸姿态校正技术分为四种类型，然后使用以下方法来模拟这四种人脸姿态校正技术。

（1）在第四章第三节中介绍了使用整个人脸区域的基于主成分分析的人脸姿态校正（Mian et al.，2007）。

（2）使用迭代最近点算法进行人脸姿态校正，使用人脸的全部区域匹配标准人脸模板（Kakadiaris et al.，2007；Faltemier et al.，2008）。

（3）使用迭代最近点算法将目标脸的鼻尖周围的球体区域（r = 45mm）与标准脸部模板进行匹配对比（Xu et al.，2009）。

（4）使用迭代最近点算法将目标人脸上对表情变化不敏感的区域匹配对比标准人脸模板（Lu et al.，2006）。

由于属于同一人的人脸对表情变化不敏感区域具有相似的三维曲面形状，因此我们可以使用属于一个人的人脸上的这些区域的差异来表示脸部对齐的程度，它也是类内（in－class）差异的一个指标。我们可以计算属于同一个人的人脸上对表情变化不敏感区域内的对应点之间的均方误差距离（MSE）。如果一个对象有 n 张人脸图像，我们将计算每种可能的人脸对人脸组合的均方误差距离，这些组合的总数为 $(n-1)+(n-2)+\cdots+2+1$。然后，我们计算这些人脸组合的相应点（位置最接近的点）之间的误差距离的平均值。表 4－2 显示了不同人脸姿态校正方法的类内 MSE 值。我们的方法在无表情人脸和有表情人脸的实验中均获得最小的类内 MSE 值。图 4－23 和图 4－24 为使用不同的人脸姿态校正方法的无表情人脸和有表情人脸的类内 MSE 的累积频率（cumulative percentages）。在这些图中，我们可以看到，在无表情以及有表情变化的情况下，我们方法的性能都优于其他方法。

表 4－2　通过使用不同的人脸姿态校正方法比较类内 MSE

对准调整方法/使用区域	均方误差（无表情）	均方误差（有表情）
主成分分析	0.5033mm	0.5793mm
全部人脸	0.2594mm	0.3327mm
鼻子区域	0.3186mm	0.4358mm
鼻子以上区域（受表情影响较小）	0.2729mm	0.3084mm
本书中的方法	0.1940mm	0.2550mm

上面给出的 MSE 评估测试了这些方法的类内差异。此外，我们可以基于不同人脸姿态校正方法对人脸数据的处理结果，应用人脸鉴别实验的结果来比较类之间（between－class）的区分能力。在 FRGC v2 人脸数据库中，一共有 465 个对象。我们选择每个人的第一张人脸图像作为训练数据集。其余的人脸图像分为两个数据集：无表情人脸和有表情人脸。我们定义了两个人脸鉴别实验（rank－one identification）："第一张人脸图像 vs 无表情人脸图像"和"第一张人脸图像 vs 有表情人脸"。在"第一张人脸图像 vs 无表情人脸图像"实验中，1761 个无表情人脸组成了测试数据集，训练数据集包括 FRGC v2 人脸数据集中每个对象

的所有第一张面孔图像（共465张三维人脸图像）。测试数据集中的每张人脸图像都要跟训练数据集中的每张人脸图像进行匹配和对比。如果具有排名第一（rank one）相似度的匹配对比得分的，则意味着这两张人脸图像是属于同一个人。因而两者是正确的匹配，否则就是两者不匹配。在“第一张人脸图像 vs 无表情人脸图像”实验中有1761 ×465次匹配对比。在“第一张人脸图像 vs 有表情人脸”的实验中进行了1781 × 465次匹配对比。为了生成匹配的相似度得分，我们使用均方误差距离方法来测量两个人脸对表情不敏感区域之间的相似度。均方误差距离法的相似度计算也用于一些基于迭代最近点算法的人脸识别方法中（Mian et al.，2007；Faltemier et al.，2008）。表4 –3显示了这两个实验的结果。我们发现，在“第一张人脸图像 vs 无表情人脸图像”和“第一张人脸图像 vs 有表情人脸”实验中，我们的方法均明显优于其他方法。

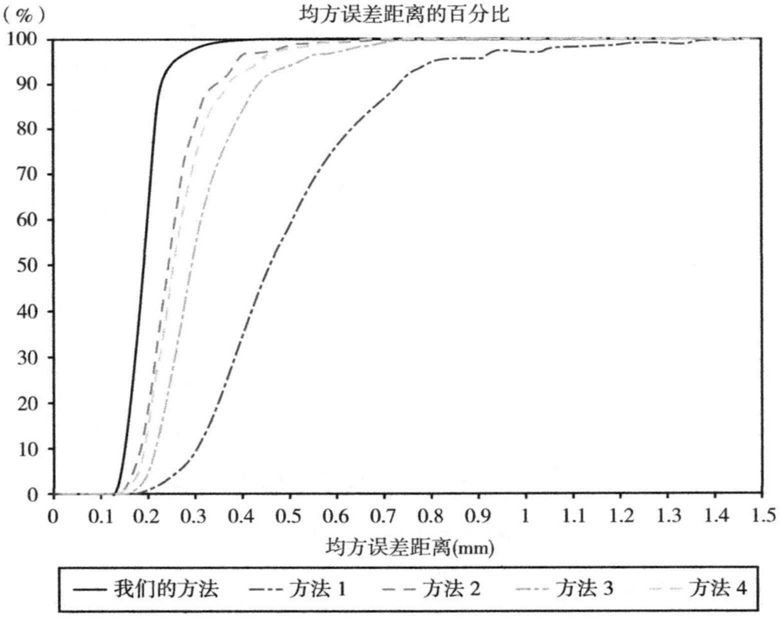

图4 –23　无表情人脸图像的类内均方误差距离的累积频率

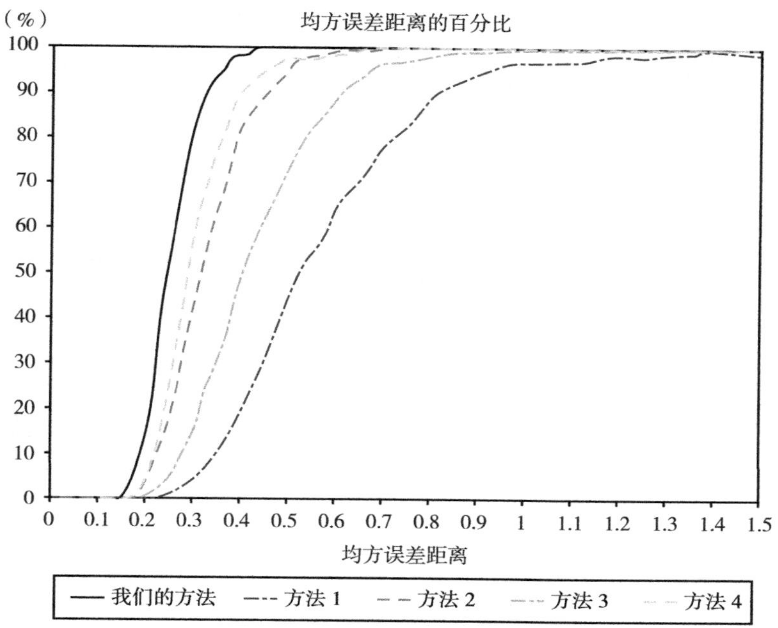

图 4－24 有表情人脸图像的类内均方误差距离的累积频率

表 4－3 各种方法处理后进行 rank－one 人脸鉴别的识别率结果对比

单位：%

方法	无表情 vs 无表情	无表情 vs 有表情
主成分分析	27.71	19.99
全部人脸	63.60	44.97
鼻子区域	47.42	30.43
鼻子以上区域（受表情影响较小）	53.83	46.60
本书中的方法	96.31	85.29

第六节 结　　论

在本章中，我们提出了一种基于迭代最近点算法的综合集成方法，即使三维人脸图像中存在表情变化也依然可以对人脸的姿态进行校正。

首先，进行的基于主成分分析的人脸姿态校正粗略地调整人脸的严重姿态偏差。其次，运用基于人脸对称性的人脸姿态校正方法将沿三维坐标系中 y 轴和 z 轴的姿态旋转偏差降到最低，并将前期工作中检测定位的鼻尖位置沿 x 轴的误差减小到零。这使得我们可以精确地定义并分割出人脸上对表情变化不敏感的区域。然后应用基于对表情变化不敏感区域的迭代最近点算法的人脸姿态校正方法，计算沿 x 轴的旋转角度 α 偏差。通过沿 x 轴旋转该角度 α，可以使该目标人脸与标准人脸姿态进一步对齐。通过使用标准人脸模板的鼻尖的 x、y 值信息，还可以进一步校正鼻尖的精确位置。通过与四种最先进的人脸姿态校正技术进行比较，我们的方法在类内和类间评估实验中均达到了最高的性能。

基于三维图像的人脸识别

第一节 引　言

由于人脸检测定位、姿态校正匹配等方面存在许多挑战，人脸识别是一项困难重重的工作。在许多应用FRGC人脸数据库的最新人脸识别技术中，很多都使用曲面匹配（或深度图像匹配/配准）算法（Mian et al.，2007；Faltemier et al.，2008；Queirolo et al.，2010），如迭代最近点算法和模拟退火、表面渗透测量算法，这些方法都使用曲面匹配的思想分别匹配鼻子、眼睛和前额等区域，因为这些区域被认为是对表情变化不敏感的人脸特征位置。但是，实现这样的算法是一种非常耗时的计算任务，特别是在这些方法中人脸三维曲面的点被多次重复使用参与计算，这将导致人脸识别系统的计算效率较低。

在前面的章节中，我们已经完成了基于鼻尖定位的三维人脸检测并使用一套集成方法对人脸的三维姿态进行了校正。基于这些成果，在本章中，我们将提出一种基于形状描述符的三维曲面加权匹配算法的人脸识别技术。由于在第四章中人脸的姿势变化已得到纠正和对齐，因此只剩下一个挑战和困难有待解决，即表情变化的不利因素。我们尝试将人脸区域分为两个部分：对表情变化不敏感的区域和表情变化导致形状与外观发生很大变化的区域。受较新的一些人脸识别方法（Faltemier et al.，2008；Queirolo et al.，2010）的启发，我们在人脸识别中将高权重分配给对表情变化不敏感的区域，进而提出了一种累积加权人脸曲面匹配方法。与那些通过使用曲面匹配算法仅仅匹配不同人脸区域的方法有所不同，如迭代最近点算法和模拟退火、表面渗透测量算法，我们提出使用一种更简单的方法来比较和对比匹配两个人脸曲面的形状，而且该方法依赖本书中所提出的三维曲面形状描述符，具有与人脸姿势无关的特性，从而从本质上消除因人脸姿态校正遗留的微小姿态误差问题。与那些应用迭代最近点算法或类似的曲面配准匹配算法的方法不同，我们的方法计算成本相对较低。

本章的其余部分包括第二节中的形状描述符的人脸对比匹配相似度计算算法、第三节中的人脸区域分割方法、第四节中的累积加权人脸相似度计算方法以及第五节中的结构化分层人脸验证算法。第六节中的人脸鉴别（face identification）和人脸验证（face verification）实验是基于 FRGC v2 人脸数据库执行的。

第二节　基于多壳层曲面角矩描述符的人脸匹配对比算法

在前边章节中，多壳层曲面角矩描述符实际上可以用来描述某一点与其相邻点的关系。某个点的多壳层曲面角矩描述符表示围绕该点的一块三维曲面。三维人脸图像是一个包含有 n 个三维点的集合，这些点的集合中的每一个点都可以进行多壳层曲面角矩描述符的计算。所有点的多壳层曲面角矩描述符的值构成一个 $n\times m$ 矩阵（m 是层壳的数量）。由于多壳层曲面角矩描述符表示特定点周围的相邻点之间的关系，因此以这些点计算出的多壳层曲面角矩描述符为代表的各个小块三维曲面会重叠在一起。为了比较两个三维人脸，每个人脸所属的三维点都要进行互相对比匹配来计算相似度。两个人脸中达到正确匹配（相似度得分超过一定阈值）的相应点对（a pair）的数量是最能体现相似性的指标。在不少人脸识别研究中（Mian et al.，2007；Faltemier et al.，2008；Queirolo et al.，2010），研究人员认为属于同一个对象的三维人脸图像具有相同或者极为近似的曲面形状，尤其是在受表情影响最小的区域。因此，具有相似多壳层曲面角矩描述符的对应点对（a pair）越多，也就意味着这两个人脸的相似度就越高。

由于属于同一个人的人脸具有相似的三维曲面形状，因此要比较两个三维人脸图像的差异，我们可以直接比较它们的三维曲面形状。在一些相关研究（Mian et al.，2007；Faltemier et al.，2008）中，曲面匹配算法（如迭代最近点算法）被用来匹配和对比不同的人脸，然后使用均方误差来测量两个曲面的差异。如果我们也使用 MSE 基于第四章处理人脸的结果来进行两个人脸的比对，并执行前边章节中描述和提及的“第一张人脸图像 vs 无表情人脸图像”和“第一张人脸图像 vs 有表情人脸图像”的人脸鉴别实验，则正确率分别为 96.31% 和 85.29%，在第四章第五节中提到，所有无表情人脸和有表情人脸统计在一起的人脸识别率约为 90.77%，与最新相关人脸识别技术（Mian et al.，2007；Kakadiaris et al.，2007；Faltemier et al.，2008；Queirolo et al.，2010）在同一数据集的实验中在 FRGC v2 数据库上获得超过 95% 的人脸识别率相比，显然这种性能是不能接受的。均方误差三维人脸相似度测量方法对轻微的姿态误差过于敏感，而且这些轻微的人脸姿态误差很难在人脸姿态校正中完全消除，这也是在一些人脸识别研究（Mian et al.，2007；Faltemier et al.，2008；Queirolo et al.，2010）中另外应用某些曲面匹配算法来精确匹配和测量两个人脸曲面差异的一个重要原因。

然而，使用这些曲面匹配算法是一种高计算成本的任务。在本章中，我们尝试使用基于姿势不变的曲面形状描述符，即多壳层曲面角矩描述符的人脸匹配方法高效且快速地评估两个三维人脸曲面的相似性。如果将三维人脸分为多个相互重叠的小块曲面，则两个人脸的差异可以被表示为这些分属于不同人脸的小块曲面的相似程度。三维形状相似的曲面块数量越多，也就意味着这两个人脸越相似。多壳层曲面角矩描述符包含某个点与其相邻点之间的关系信息，因此可以认为一个多壳层曲面角矩描述符向量代表一小块三维曲面。由于多壳层曲面角矩描述符是一种不受人脸姿态变化影响的曲面形状描述符，因此能够容忍两个曲面之间的较小姿态误差和错位。尽管有很小的概率存在不同形状也能生成相似的多壳层曲面角矩描述符值，但考虑到该描述符是一个多壳描述符（两个 1×5 向量），并且三维人脸点云中包含非常多数量的点，不同三维曲面形状的两个人脸反而存在很大数量具有相似多壳层曲面角矩描述符的点的概率是异常之低的。当来自两个三维人脸图像的两个点 P_a 和 P_b 进行匹配对比时，如果它们具有相近的多壳层曲面角矩描述符值，则可以认为，这两个点为中心的两块曲面的形状基本相同。可以将这两个点之间相似度定义为两个多壳层曲面角矩描述符之间的距离：

$$dist = |distance(MSSAMD_{P_a} - MSSAMD_{P_b})| \tag{5-1}$$

如果 $dist$ 小于某个阈值，则两个点多壳层曲面角矩描述符所代表的两块三维曲面的形状可以视为相同的形状。如果我们使用与前述章节相同的多壳层曲面角矩描述符参数，则球体的半径分别定义为 5mm、10mm、15mm、20mm 和 25mm，因此可以获得五个球壳，各个球壳内各点参与计算的角度 θ 的平均值向量和 STD 向量各得到五个值：平均角度值向量 $m=\{m_1, m_2, m_3, m_4, m_5\}$ 和 STD 角度值向量 $s=\{s_1, s_2, s_3, s_4, s_5\}$。两个多壳层曲面角矩描述符的距离之差由这两个向量之差表示，定义为两个距离向量：d_{mean} 和 d_{std}，如图 5－1 所示。为了减少噪声的影响，用两个阈值 ε_m、ε_s 来过滤 d_{mean} 和 d_{std}。任何匹配都会产生多壳层曲面角矩描述符差异低于这两个阈值，则可以视为这两个小块曲面形状相同或者相近。然后，可以通过统计两两匹配得到形状相同曲面的数量来表示两个三维人脸图像的相似度。为了选择合适阈值，我们在 FRGC v2 人脸数据库上尝试测试了人脸识别实验。训练数据集是每个对象的第一张人脸图像（无表情人脸），而目标数据集是数据库中剩余的人脸图像。在本章中，我们暂时选择 $\varepsilon_m = 3$ 和 $\varepsilon_s = 1$。

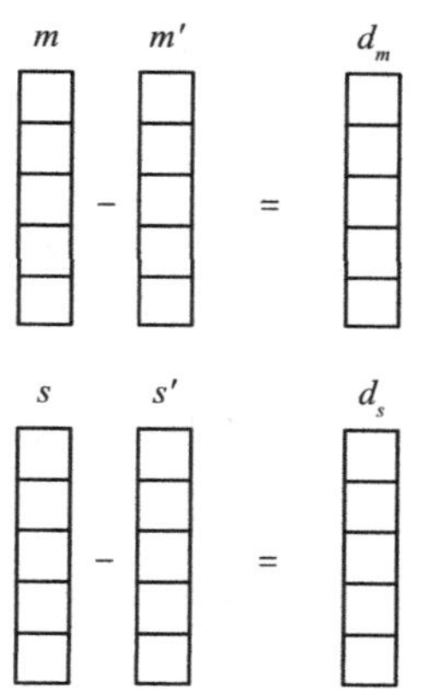

图 5－1　向量差示意

注：s 和 m 是点 p 处组成多壳层曲面角矩描述符的两个向量，而 s′和 m′是相对比的点 p′的多壳层曲面角矩描述符的两个向量。

定义 nd_{mean} 表示 d_{mean} 中低于阈值 ε_m 的 dmean 中的值的数量，nd_{std} 则是低于阈值 ε_s 的 $dstd$ 的数量。因此，nd_{mean} 和 nd_{std} 的范围是［1～5］。我们定义了两个区分能力/容忍能力阈值 t_m 和 t_s 来调整容忍噪声的能力以及区分不同人的人脸差异的能力。特别要指出的是，头发和表情同样也可能会影响某些位置的多壳层曲面角矩描述符值。人脸对比匹配算法需要能够提供足够的信息来区分属于不同个人的人脸形态。同时，人脸匹配对比算法还应具有容忍属于同一个人的脸部之间的细微差异和抵抗噪点的能力。因此，有必要适当调整上述两个区分能力/容忍能力阈值，以保持噪声容忍度与区分能力的平衡。当 d_{mean} 和 d_{std} 都低于其相应的阈值 t_m 和 t_s 时，相匹配对比的两个三维曲面形状将被视为形状相同或者相似。通过实验，我们发现 $t_m=3$ 和 $t_s=3$ 的组合是基于 FRGC v2 人脸数据库的比较合适的选择。我们将 M 定义为两个对应点之间匹配的结果，如果两个三维曲面被视为相同或者相似，则 M 设置为“1”，如果不相同则设置为“0”，这样可以将两张人脸间的总体相似性得分 S 定义为 M 的总和：

$$S = \sum_{i=1}^{n}(M_i) \tag{5-2}$$

其中 n 是目标人脸的所有三维点的数量。

使用此算法来对比匹配两个人脸的计算复杂度为 $O(mn)$，其中 n 是用于查询的三维人脸图像具有的点数，m 是已知的在库人脸包含的点数。由于人脸识别实验可能涉及成千上万张人脸图像，因此对人脸之间对比匹配效率的要求很高。例如，一次 4007 张三维人脸图像与 4007 张人脸的对比匹配实验将一共需要进行 16056049 次人脸两两匹配对比并计算相似度分数。如果单个人脸对比匹配的相似度得分的计算时间约为一秒钟，则完成整个实验的总时间将超过 185 天，这对于进行实验以及现实世界的人脸识别系统都是绝对不可行和不可接受的。为了降低计算的复杂度，需要对三维人脸图像进行预处理。

每个人脸图像可能具有不同的分辨率，因此一个特定尺寸的三维人脸所拥有的点的分布密度以及数量都不同。表 5－1 显示了 FRGC v2 数据库中所有三维人脸沿 ox 和 oy 方向的最大值/最小值的范围。本书使用采样的方法来缩小数据量，如图 5－2 所示。FRGC v2 数据库中经过前述步骤（人脸检测/剪切及姿态校正后）处理过的每个三维人脸的点的数量范围为 2157～6162。沿 ox 方向的值范围为 121.51～186.23mm，沿 oy 方向的值范围为 153.89～198.03mm，因此可以计算出在 oxy 平面上点的密度为 4.39～11.22mm^2/每点。各点之间的间隔范围为 2.09～3.35mm 之间。为了保留尽可能多的信息，因此在 oy 和 oy 方向上选择 2mm 作为采样间隔以覆盖最高的点的密度。由于在采样位置上并不总是存在精确的点，因此选择最接近采样位置的点来提供其多壳层曲面角矩描述符的值。如果从最接近点到采样位置的距离过于大，则该采样位置将被标记为无效点。无效点的位置意味着这个点不在人脸的正常范围内。如果我们将 N 定义为有效点数，则可以将相似度分数 S 修改为：

$$S = \frac{\sum_{i=1}^{n}(M_i)}{N} \tag{5-3}$$

表 5-1　FRGC v2 人脸数据库中所有人脸的 x 和 y 的取值范围

变量	范围
横坐标最大值	58.88 ~ 95.42mm
横坐标最小值	-59.12 ~ -95.19mm
纵坐标最大值	85.69 ~ 131.51mm
纵坐标最小值	-48.19 ~ -91.32mm

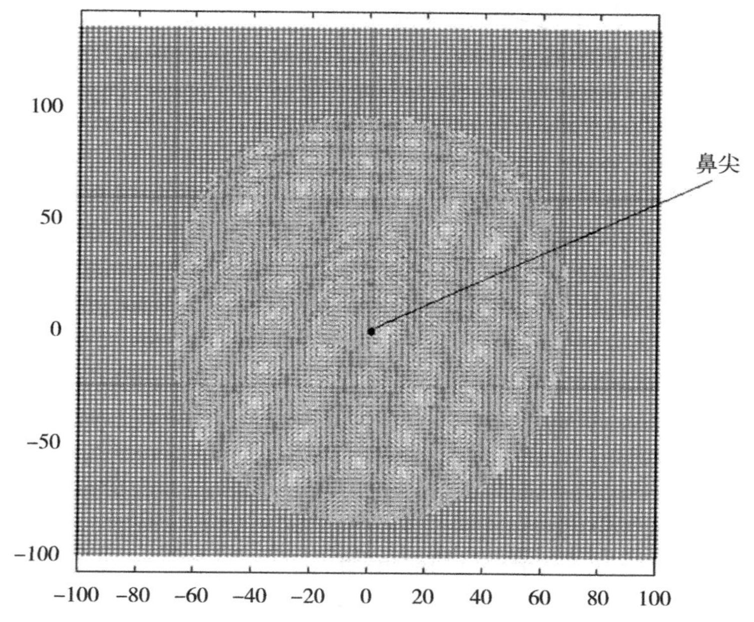

图 5-2　缩小数据量示意

注：中间近圆形区域是脸部区域，网格交叉点是采样位置。

为了评估我们的算法相对迭代最近点算法中使用的 MSE 方法的改进，

可以使用 MSE 和我们的算法比较“所有人脸 vs 所有人脸”实验中类内和类间相似性得分之间的差异。FRGC v2 人脸数据库中的每个人脸都与其他人脸进行对比匹配。属于同一对象的人脸之间的对比匹配属于类内对比匹配，类内相似度得分表示属于同一对象的所有人脸图像的相似度。属于不同对象的人脸之间的匹配将产生类间得分，类间相似性得分是代表两个不同对象之间相似度差异的指标。一方面，我们从图 5 – 3 中可以看到，类内和类间的 MSE 分数分布有相当一部分重叠在一起。另一方面，如图 5 – 4 所示，使用我们提出的新颖算法的类内和类间相似性得分的直方图显示两者的重叠部分非常小。与迭代最近点算法中使用的 MSE 方法

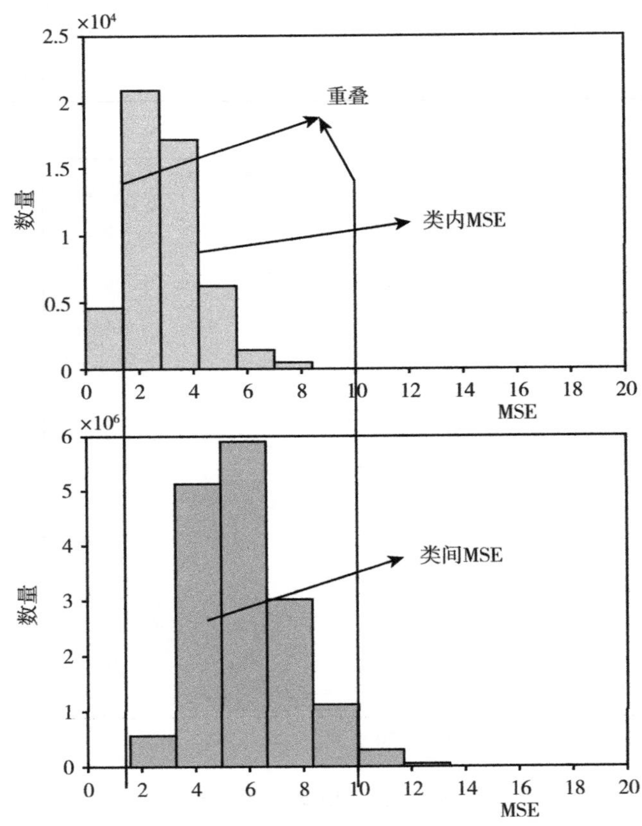

图 5 – 3 “所有人脸 vs 所有人脸”实验中类内和类间 MSE 得分的直方图

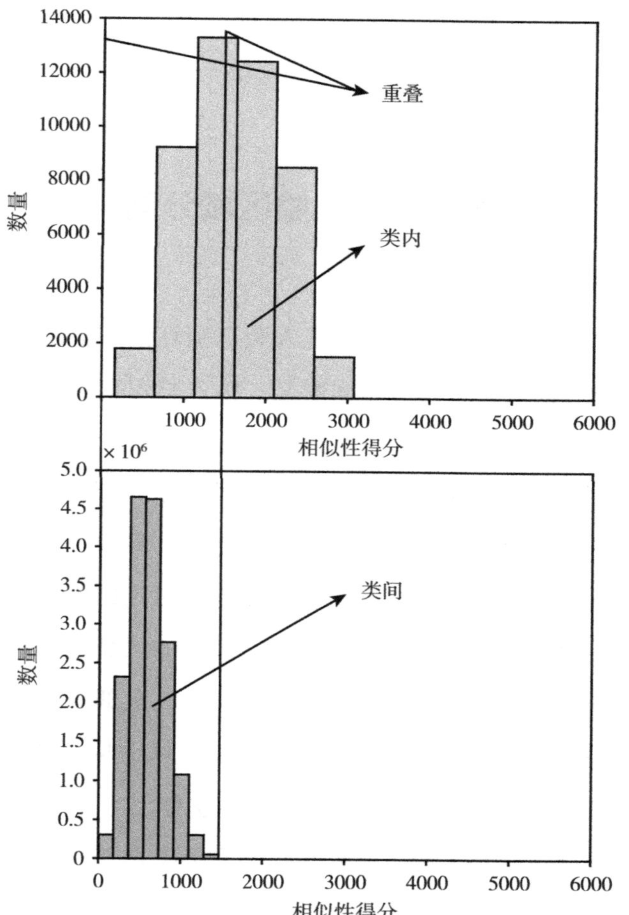

图 5-4 "所有人脸 vs 所有人脸"实验中类内和类间使用本书中所用方法计算相似度得分的直方图

相比，我们提出的方法具有更好的能力可以扩大对象之间相似度的差异。我们还可以使用费希尔（Fisher，1936）的方法来计算两个分布之间的间隔，即使用式（5-4）的类间方差与类内方差之比。

$$J=\frac{|\overline{m}_1-\overline{m}_2|}{s_1^2+s_2^2} \tag{5-4}$$

其中，m 表示平均误差，s^2 表示方差，下标表示这两个类别。

使用 MSE 和我们的算法生成的 J 值分别为 1.543 和 2.744，结果表明，使用我们的算法，类内和类间相似度得分的分离程度大于 MSE 方法的分离程度。

第三节　人脸区域分割

由于没有纹理信息，纯粹的三维人脸识别算法不会出现光照条件变化造成的问题，而光照条件变化问题是二维人脸识别中的一个挑战和难题。从这一点上看，这是三维人脸识别的一个显著优势，但是三维人脸识别中最困难的挑战是如何处理人脸表情的变化。考虑到前述章节已经取得的成果，一种可行的解决方案是精确分割人脸的范围以找到不受表情变化影响的区域。根据人脸姿态校正一章中讨论的内容，包括鼻子和前额在内的上半部人脸是受不同表情影响最小的区域，可以称为对表情变化不敏感的区域。人脸具有表情时，脸部的其余部分会在不同程度上改变三维人脸曲面的形状。因此，在执行人脸对比匹配之前，必须准确地在人脸区域分割出对表情变化影响不同的范围。

前面的章节成功地进行人脸检测剪切和姿态调整校正后，鼻尖的位置已得到精确的定位，并且主要人脸区域也已被裁剪出来。所有人脸均已根据其曲面形状调整到标准姿态。由于我们使用球体 $r = 100\text{mm}$ 来裁剪主要的脸部区域，因此三维人脸在 oxy 平面上的投影为一个 $r = 100\text{mm}$ 的圆，每个三维点都可以被投影到 oxy 平面上，鼻尖在 oxy 平面上的投影可以设置为该二维坐标系的原点。由于目前尚未实现非常精确的眼眦检测，必须使用另一种方法来找到与眼睛位置有关的对表情变化不敏感的区域。如果使无表情人脸作为模板人脸并计算模板人脸与属于同一个人的其他人脸图像之间的对应位置的 z 误差，则不同的 z 误差值与该点所在的位置或所属区域有关。由于人脸的姿态变化已在前面的章节中得到了纠正和统一化，因此 FRGC v2 人脸图像数据中仅存在表情的变化。因此，这些 z 误差值可以被认为是代表不同位置的受表情变化影响程度的指标。然后，计算 FRGC v2 数据库中所有对象的类内 z 误差值。通过使用这些 z 值的均方根误差（RMSE），可以用一张图在不同位置显示不同的表情变化敏感程度，如图 5－5 所示，不同的灰度代表 RMSE 值的不同范围，因此我们可以看到鼻子、眼睛和额头附近的区域是对表情变化最不敏感的区域。

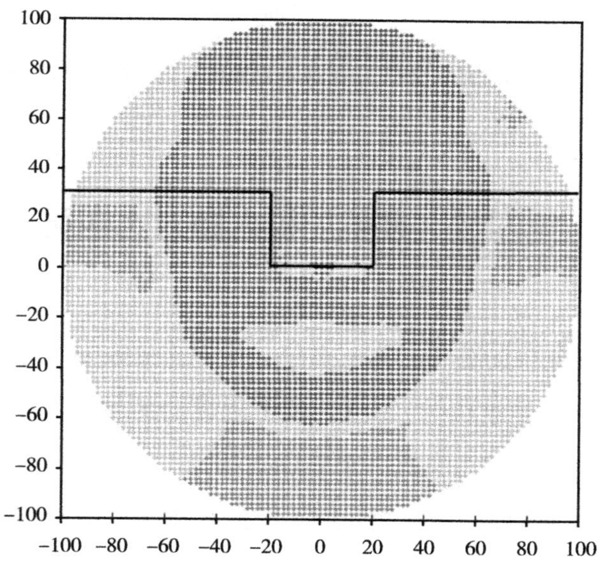

图 5－5　对表情变化最不敏感区域示意

注：不同的灰度代表 RMSE 值的不同范围，黑线代表对表情变化不敏感区域的外围边界。

根据图 5－5 并通过测量 FRGC v1 的基础标准数据，可以选择 30mm 作为沿 oy 方向从鼻尖到眼睛底部的距离，而选择 20mm 作为鼻子区域的宽度（Romero et al.，2008）。对表情变化不敏感的区域则可以定义为鼻子周围的矩形区域加上眼睛底部上方的人脸范围，如图 5－6 所示。无论人脸出现什么形式的表情，图 5－6 中人脸上部区域保持相对三维曲面形状恒定。因此，与其他的人脸区域相比，该区域应该在人脸识别中赋予更大的权重。

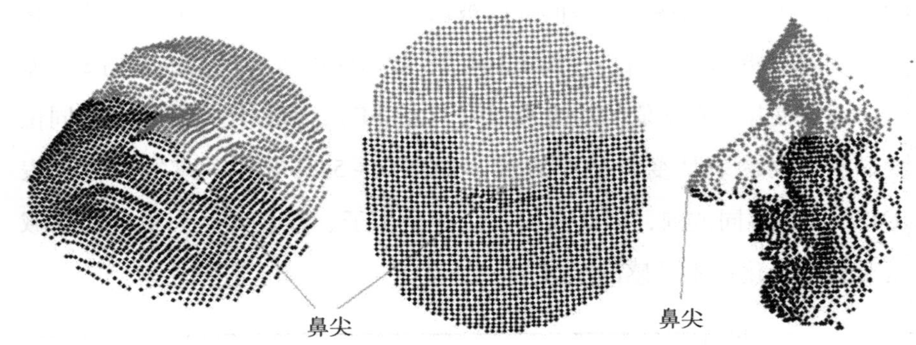

图 5-6　人脸的上部区域是最不受表情变化影响的区域示意

第四节　累积加权人脸对比匹配

根据第四章中的分析，靠近鼻子、眼睛和额头的人脸区域具有不同数量的人脸动作单位（FAU）。鼻子附近的区域对表情变化的耐受性最高，因为该区域内只有一个 FAU。因此，即使是在上一节中分割的表达不变区域中，不同位置也应具有不同的对表情变化的耐受程度。在一些较新的人脸识别方法中（Faltemier et al.，2008；Queirolo et al.，2010），这些差异已根据其对表情不变的敏感程度以不同的方式得到强调。

法尔特米尔等（Faltemier et al.，2008）定义了人脸主要范围中的 38 个子区域，并最终选择 28 个子区域作为人脸识别性能最好的子区域组合，表 5-2 显示了这些区域的位置参数。首先，根据上一节中创建的采样位置，每个位置参数位于这个子区域组合中的位置时，都会在该位置的权重值上加“1”。其次，根据表 5-2，可以统计出采样位置的参与使用和计算的次数。最后，可以累积并创建一个向量来表示整张人脸上不同位置的权重。如果使用圆圈表示人脸在 *oxy* 平面上的投影，而 z 则表示权重值，如图 5－7 所示。从图 5－7 中可以看出，鼻子周围的区域中的点参与识别匹配计算的次数最多，这些次数的数值可以视为权重。不同位置的权重值会跟随它们到鼻子区域的距离而变化。

表 5－2　　　　各个鼻子区域的定义范围

区域	圆心位置	半径	区域	圆心位置	半径
1	(0，10)	25	15	(40，10)	45
2	(0，10)	35	16	(0，30)	40
3	(0，10)	45	17	(0，30)	35
4	(0，0)	25	18	(0，30)	45
5	(0，0)	45	19	(0，40)	40
6	(0，－10)	25	20	(0，40)	35
7	(0，40)	45	21	(0，20)	45
8	(0，20)	35	22	(－15，30)	35
9	(15，30)	35	23	(－30，20)	45
10	(－40，30)	45	24	(40，30)	45
11	(－20，0)	25	25	(30，40)	45
12	(－15，15)	45	26	(－30，40)	45
13	(－40，10)	45	27	(0，60)	35
14	(15，15)	45	28	(30，20)	45

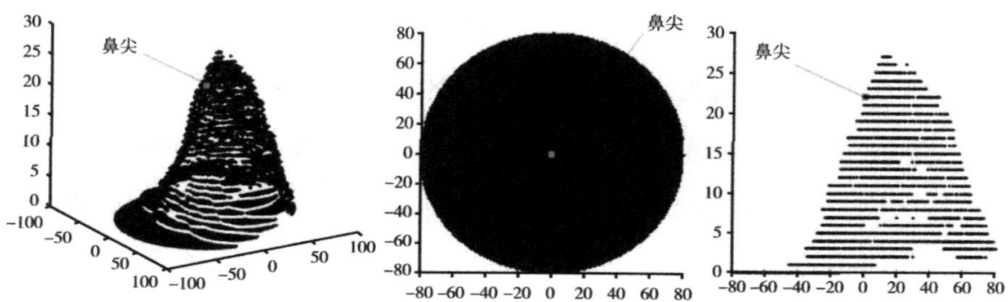

图 5－7　人脸范围内不同的位置具有不同的权重值示意

奎伊罗洛等（Queirolo et al.，2010）也将整个人脸分为若干个区域：以鼻尖为中心的圆圈、鼻子周围的椭圆形、上半部分人脸以及一个包括鼻子周围的正方形和额头的部分。将所有区域累加在一起后，也可以计算权重向量，如图5-8所示。我们发现鼻子周围的区域被使用了5次，前额被使用了3次，脸颊区域被使用了2次，嘴部区域只使用了1次。鼻子区域再次成为获得最高权重的极为重要的人脸区域。奎伊罗洛等实际上都强调了在执行人脸识别时受表情影响最小的区域的重要性（见表5-3）。

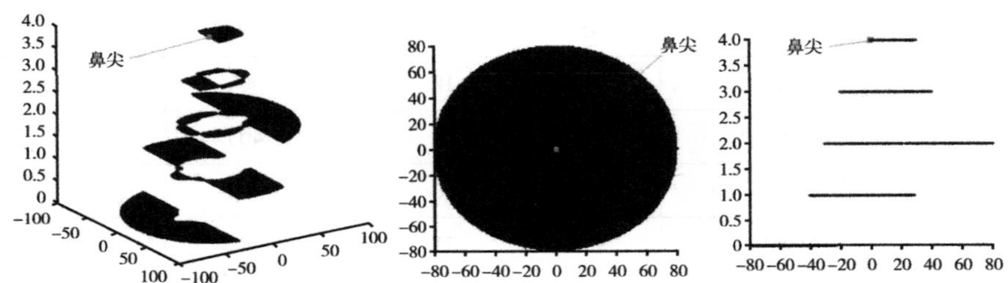

图5-8　人脸范围内不同位置的权重值示意

表5-3　通过使用不同的分割方法进行人脸鉴别实验的结果

方法	本书使用方法	法尔特米尔等使用方法	奎伊罗洛等使用方法
识别率（%）	97.63	95.71	96.78

在本章中，受相关研究（Faltemier et al.，2008；Queirolo et al.，2010）中人脸区域分割的启发，我们将整个人脸分为两个主要区域，如图5-9所示。在被视为表情变化不敏感区域的人脸上半部范围中，每个点的权重取决于其到鼻尖的距离。为了降低复杂度并创建简单的模型，我们使用几个范围来表示距离的差异。我们将半径定义为10mm、20mm、30mm、40mm、50mm、60mm、70mm，分别计算各个距离范围内每个点的权重值，如图5-10所示。通过将所有人脸子区域叠加在一起，会发现一个位置离鼻尖距离越近，它将获得的权重值越高。一个包含所有

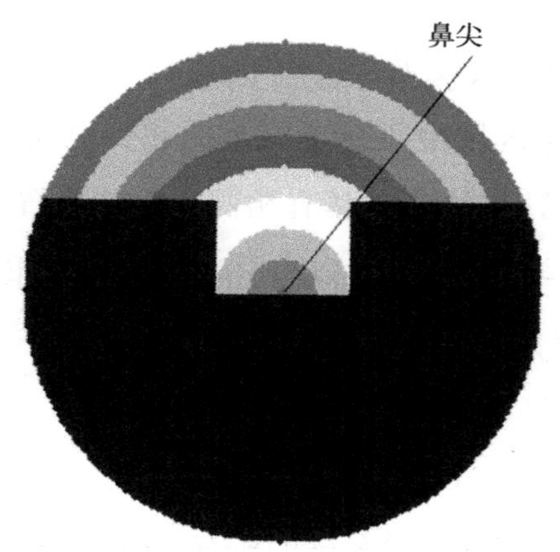

图 5－9　对表情变化不敏感的人脸上部区域加以分割示意

注：距离鼻尖的距离增加时，每个圆圈区域的权重值都会减小。

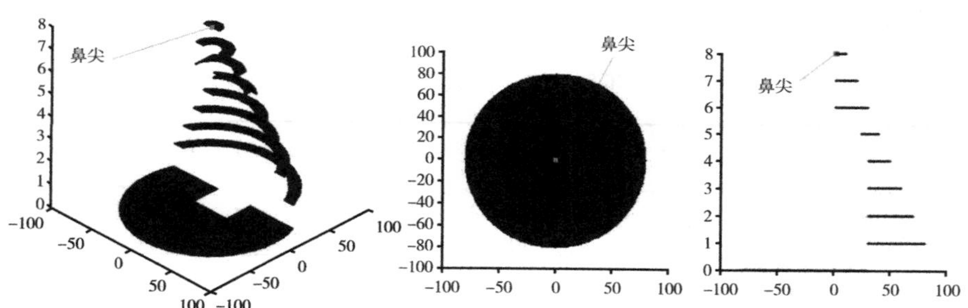

图 5－10　根据一个点的位置对鼻子的距离计算得出不同权重值示意

位置的权重值的向量 ω 可以被创建出来。权重值与离鼻尖距离的关系如图 5－10 所示。在进行人脸识别实验时，使用我们的方法对人脸进行分割可以获得更好的实验结果和性能。为了结合不同人脸子区域的相似性得分，法尔特米尔等（2008）和卢等（Lu et al.，2006）使用求和规则来融合差异度量，章等（Zhang et al.，2006）则结合乘积规则进行计算。实际上，本书的累积权重方法是计算每个区域参与人脸匹配的次数之和，累计叠加每个位置得到权重“1”之和。在两个人脸之间的对比匹配过程中，如果认为 *oxy* 平面上某个位置的两个小块三维曲面形状相同，则 oxy 平面上这个位置的相似度得分将被设置为“1”，否则得分将被设置为“0”。然后，可以获得一个相似性向量 s，其中包含特定区域中所有点位置的相似度得分。为了实施三维人脸识别，只需要计算被认为具有相同形状的位置的数目即可。然后可以通过公式（5－3）计算相似度分数 S。将权重值应用在公式中，该公式可以被修改为：

$$S = \frac{\sum_{i=1}^{n}(\omega_i \cdot M_i)}{N} \tag{5-5}$$

其中，N 是被查询的目标人脸包含的所有有效点的数量。

表 5－4 列出了将不同区域分别用于人脸匹配时以及应用累加权重得出的识别率结果。将加权向量应用于人脸匹配后，识别率显著提高了约 3.4%。

表 5－4　　不同情况下的人脸鉴别率　　单位：%

区域/方法	rank－one 人脸鉴别率
全部人脸区域	93.68
表情不影响区域	94.24
各区域累计权重	97.63

其他人脸识别研究（Queirolo et al.，2010）使用了曲面对齐匹配算法，如用迭代最近点算法或模拟退火来匹配它们分割出的不同区域。但是这些区域大部分都重叠在一起。为了实现人脸对比和匹配，人脸范围内的一个点有可能在计算中被多次使用。此外，在本书提出的方法中，每个点仅参与计算一次。当需要对一个区域进行对比匹配时，只需应用权重向量来强调相似度分数向量中的某些重要部分。因此，本书所使用的积累权重方法的计算成本相比奎伊罗洛等（2010）使用的方法要低很多。

第五节 分层人脸验证
(hierarchical face verification)

在人脸验证(face verification)中,当相似度分数 ms 大于阈值 th 时,参与匹配对比验证的两个人脸图像将被视为相同;否则,这两个人脸图像将被报告为不相似。如果不同人脸图像之间的对比验证次数为 N,并且 n 是 N 个匹配中的错误验证,也就意味着其错误的相似性得分导致大于阈值 th,则该匹配的 FAR 可以计算为:

$$FAR = \frac{n}{N} \tag{5-6}$$

阈值 th 可以根据一定的 FAR 来计算。如果定义 M 为属于同一个对象的人脸图像之间的匹配总数,则可以计算相似度分数高于阈值 th 的匹配数目。如果我们将 m 定义为高于阈值 th 的匹配数,则验证率 V 的计算公式为:

$$V = \frac{m}{M} \tag{5-7}$$

通过在人脸验证实验中使用累积加权人脸对比匹配算法,在"无表情人脸 vs 无表情人脸"实验中,在 FAR 为 0.1% 时,人脸验证率为 96.35%。另外,我们还使用了分级评估模型来获得更高的验证率。首先,将整个参与人脸识别的区域按组合方法分为几部分,包括以鼻子为中心的圈圈、鼻子周围矩形范围、上半部分人脸范围、对表情不敏感的区域以及应用累积加权人脸算法,如图 5-11 所示。评估的每个步骤都是估算某一个区域组合的对比匹配情况。如图 5-12 所示,如果评估的任何步骤产生了肯定的结果,则将两个人脸图像报告为相同的形状。

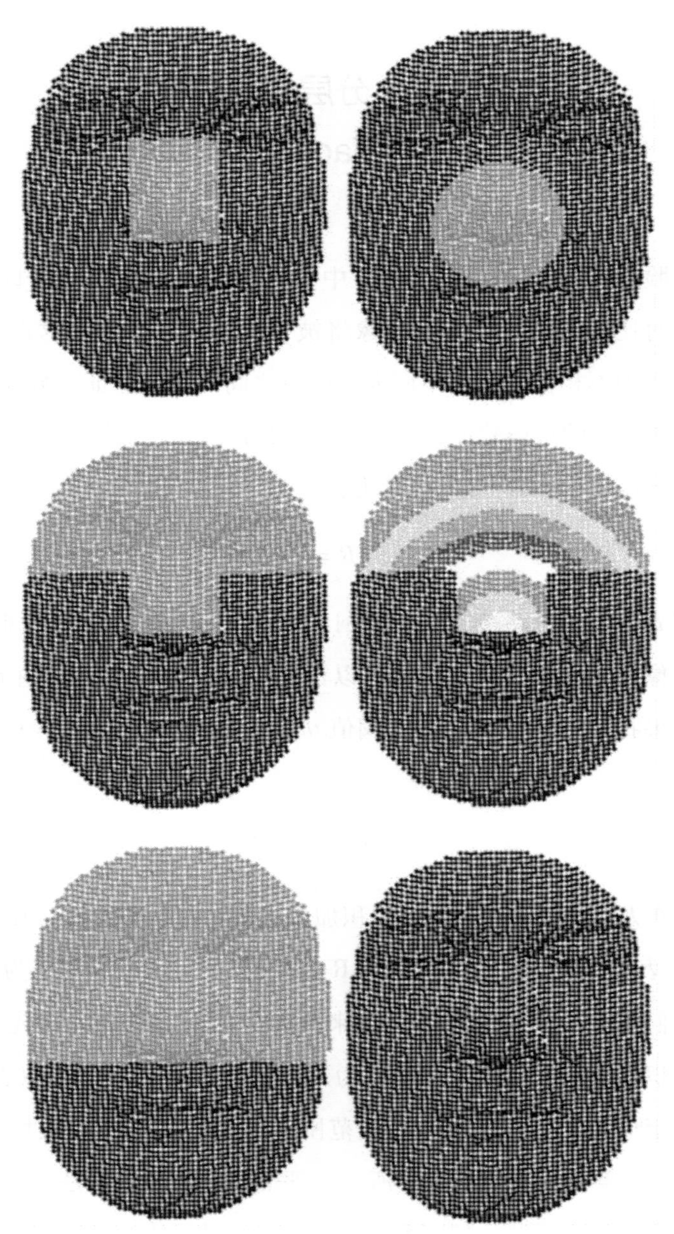

图 5－11　人脸识别区域

注：第一行从左到右为两个鼻子区域；第二行从左到右为表情不敏感区域和累积加权人脸区域分割；第三行从左到右为上半部人脸和全部人脸范围。

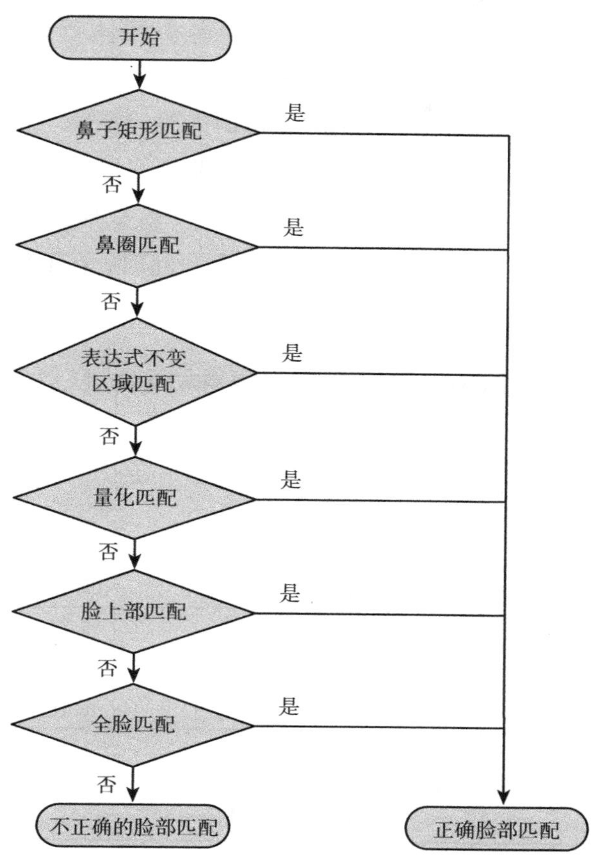

图 5－12　人脸验证中评估和融合不同区域的匹配验证结果的分层步骤

当需要特定的 FAR 时，我们只需要调整每个区域的阈值 th_i 即可。如果我们调整某个 FAR 下所有区域的匹配，则总体 FAR 为：

$$FAR = \frac{\sum_{i=1}^{k} n_i}{\sum_{i=1}^{k} N_i} \tag{5-8}$$

其中，K 是人脸区域的数目。

则在此 FAR 下的总体人脸验证率 V 为：

$$V = \frac{\sum_{i=1}^{k} m_i}{\sum_{i=1}^{k} M_i} \tag{5-9}$$

由于 N_i 彼此相等，并且每个区域的 FAR 已调整为某个值，因此总体组合 FAR 将为相同的数值。例如，如果不同区域验证的 FAR 为 0.1%，则总体 FAR 也等于 0.1%。在本章中，单独对比匹配这些区域，表 5-5 中列出了在 FAR 为 0.1% 下获得的人脸验证率。通过在“无表情人脸 vs 无表情人脸”中实现分层的人脸验证步骤，当我们将每个区域的结果一个一个地融合在一起时，便可以逐步提高人脸验证性能（见表 5-6）。当所有区域的结果都组合在一起时，在 FAR 为 0.1% 时可获得最高的人脸验证率为 99.36%。

表 5-5　在 FAR 为 0.1%的情况下使用不同的区域进行人脸验证实验获得验证率　单位：%

区域	验证率
全部人脸区域（F）	96.35
上半部人脸（U）	95.06
受表情影响较小的区域（E）	92.32
鼻子周围（圆形区域）（N2）	95.26
鼻子周围（矩形区域）（N1）	89.38
各区域累计权重（W）	96.18

表 5-6　使用不同的区域组合在 FAR 为 0.1%的情况下获得的人脸验证率　单位：%

区域组合	验证率
N1	89.38
N1 + N2	96.04
N1 + N2 + E	97.97
N1 + N2 + E + W	98.44
N1 + N2 + E + W + U	98.95
N1 + N2 + E + W + U + F	99.36

第六节　实验结果

本章以 FRGC v2 人脸数据库作为实验数据集。该数据库包含来自

466 个对象的 4007 张三维人脸图像（Phillips et al.，2005）。每个对象都有数量不等的几张表情各异的三维人脸图像，包括无表情、悲伤、快乐、生气、惊讶和鼓起腮帮的人脸图像。但是，其中有 56 个对象分别只采集了一张无表情的三维人脸图像。为了更方便地利用前几章的结果进行人脸检测和人脸姿态校正，数据库中的三维图像的二维平面扫描分辨率从 640×480 缩小为 160×120，与前几章中使用和处理过的三维人脸图像的尺寸相同。在 FRGC v2 人脸数据库中，有些人脸图像的质量异常的差，可能是由于在数据采集过程中对象的头部突然移动，造成人脸在嘴巴或前额区域出现扭曲变形。还有一些人脸图像在鼻子位置出现数据缺失，导致鼻子周围的三维曲面出现空洞或错误数据。嘴、眼睛及眉毛附近的数据空洞以及缺失也可能会影响人脸识别的结果和性能。这些带有严重质量问题的人脸的范例如图 5－13 所示。因此，基于人脸识别研究（Queirolo et al.，2010）中对参与实验的数据集选择，整个 FRGC v2 数据库可分为若干个包含不同人脸图像的数据集。根据噪声和表情变化的条件，每个数据集具有不同的难度级别。表 5－7 显示了这些数据集的描述。本书通过两种实验来评价我们的方法和技术。第一种类型的实验定义为许多专注于 rank－one 识别率的人脸鉴别实验。第二种类型的实验是人脸验证实验，在该实验中，实验结果一般为 FAR 为 0.1% 时的验证率。

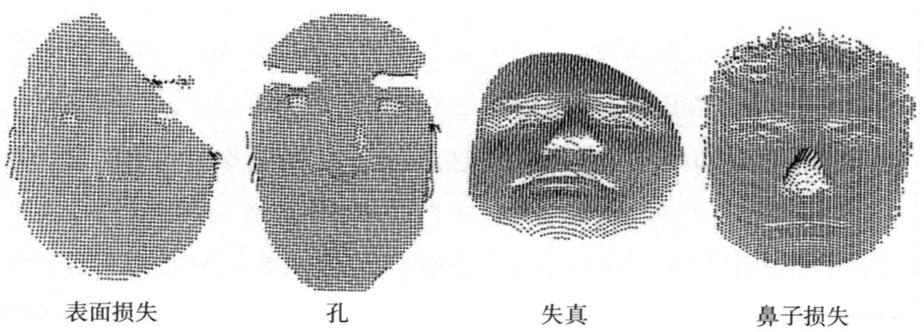

图 5－13　几个图像质量非常糟糕的示例

表 5－7　参与实验的难度不等的若干个人脸数据集的详细信息　单位：张

数据集	描述	人脸图像数量
1	无表情、图像质量良好	933
2	数据集 1 中剩余图像	3074
3	无表情全部图像	2182
4	有表情全部图像	1825
5	所有图像	4007

一、实验 1：人脸鉴别

我们定义了三套人脸鉴别实验以供比较和对比，每套实验各包含几组人脸鉴别实验。第一套实验是在比较理想的受控环境下测试人脸识别方法的性能（使用无表情和无噪声的数据质量优良的人脸图像）和非受控环境下的性能（使用带有表情和具有良莠不齐图像质量的人脸图像）。第二套实验是比较评估人脸识别实验中表情变化带来的不利影响。第三套实验旨在模拟真实人脸识别场景中应具有的性能，该实验的训练数据集中每个对象拥有多张人脸图像。

1. 人脸图像质量的影响

在第一套人脸识别实验中，在库数据集包含 248 个对象的第一张人脸图像具有无表情和图像质量优良的性质。表 5－7 中描述的其余无表情和图像质量优良的人脸图像以及所有具有各种质量的其余人脸图像分别作为查询数据集与在库数据集进行对比匹配。表 5－8 显示了第一套实验中在库数据集和查询数据集的详细信息。第一组在库数据集和查询数据集中的人脸图像旨在测试在理想环境下查找与在库数据集中的已知对象的面部外貌相似的人脸图像的能力。查询数据集是表 5－7 中的数据集 1 中描述的剩下的 685 张无表情的人脸图像。第二组是验证不受控制的环境（如表情变化和各种图像质量）是否会影响识别结果。该集合的在库数据集与第一组相同，但是查询组则包括所有剩余的具有各种表情和图像质量的人脸图像（3759张），用以模拟一个真实数据环境下的人脸识别系统。累积匹配曲线（CMC）如图5－14所示。从图5－14可以看出，图像质量和表情的变化与不同的确会影响人脸识别系统的性能。使用具有良好人脸图像质量的无表情人脸，可以实现100%的人脸鉴别率。受各种质量和表情变化的影响，人脸鉴别率在第二组实验数据上会降低到98.21%。

表5－8　　参与第一套实验中进行对比匹配的各组数据集

组别	对照（训练）数据集	测试查询数据集
1	无表情和质量良好的人脸图像（248个人每人一张）	剩余的无表情和质量良好的人脸图像（685张）
2	无表情和无噪声人脸图像（248个人每人一张）	剩余所有人脸图像（3759张）

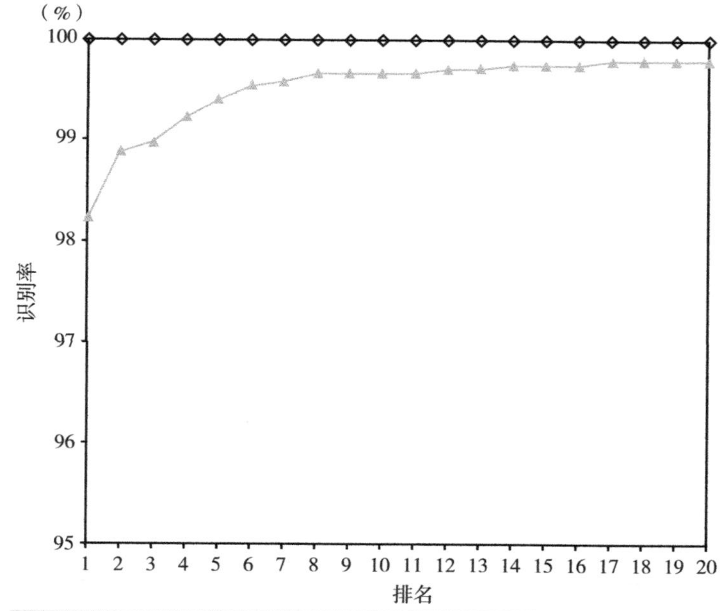

图5－14　“无表情和图像质量优良的第一张人脸图像vs剩余无表情和图像质量的优良人脸图像”和“无表情和图像质量优良的第一张人脸图像vs剩余全部人脸图像”的rank－one鉴别率

2. 人脸表情的影响

在人脸识别实验的第二套人脸识别实验中，分类了三组在库数据集和查询数据集，用来测试对表情变化的处理能力的区别。表5－9列出了这些在库数据集和查询数据集分组的信息。在第二套人脸识别实验中，将465个对象的所有第一张人脸图像（无论图像质量如何）都用作在库数据集，其余人脸图像中的无表情人脸图像和有表情人脸图像分别用作查询数据集。在库数据集和查询数据集的第三种组合也是模拟真实环境下进行人脸识别。查询数据集包含整个FRGC v2数据库中剩下的所有人脸图像（3542张）。这三组人脸对比匹配实验的rank－one鉴别率列于表5－10中。这些实验的累积匹配曲线（CMC）如图5－15所示。从图5－15中可以看出，无表情人脸的实验同样取得了最好的结果，而从第二、第三组实验的结果可以观察到表情变化的确可能影响人脸识别的性能。

表5－9　　参与第二套实验中进行对比匹配的各组数据集

组别	基准图库数据集	查询数据集
1	第一张无表情图像/每人（465人）	无表情人脸图像（1761张）
2	第一张无表情图像/每人（465人）	有表情人脸图像（1781张）
3	第一张无表情图像/每人（465人）	除每人第一张无表情图像外剩下所有的人脸图像（3542张）

表5－10　　第二套人脸识别实验各组中具有不同表情变化程度的数据集的rank－one鉴别率

单位：%

实验	识别率
组1	99.38
组2	95.90
组3	97.63

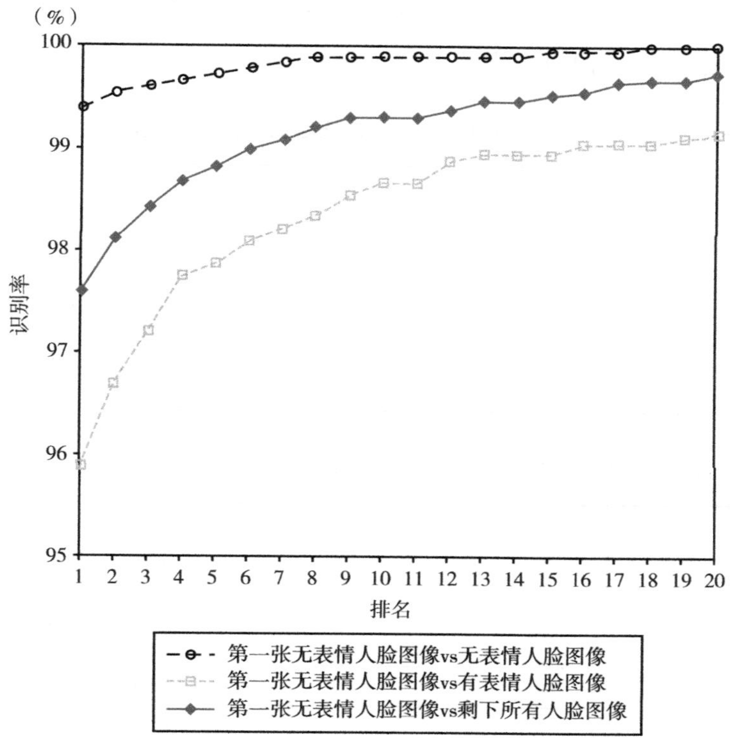

图 5-15　第二套人脸识别实验各组中具有不同表情变化程度的数据集的鉴别率累积匹配曲线

3. 人脸鉴别系统真实场景的仿真实验

第三套人脸识别实验是模拟真实人脸识别系统的复杂情况。该套实验中包含有五组人脸鉴别实验（见表 5-11）。无表情的图像质量优良的人脸、无表情人脸、有表情人脸、全部人脸都与各自自己的数据集中的每一张人脸图像对比匹配，以模拟现实世界中的不同条件和不同困难程度。第四组实验是 FRGC 中的推荐人脸识别实验（Phillips et al.，2005）。在库人脸数据集被定义为 FRGC v2 中 fall 2003 数据集中的所有人脸，查询人脸数据集包括 spring 2004 数据集中的所有人脸。从 fall 2003 数据集中三维人脸图像数据的采集时间要早于 spring 2004 数据集。两个数据集之间的时间间隔使得此实验更加困难。这是真实人脸识别系统中的常见情况。表5－12列出了这些实验的rank－one鉴别率。

表5－11　参与第三套实验中进行对比匹配的各组数据集　单位：张

组别	基准图库数据集	查询数据集
1	无表情、图像质量良好（933）	无表情、图像质量良好（933）
2	无表情全部图像（2182）	无表情全部图像（2182）
3	有表情全部图像（1825）	有表情全部图像（1825）
4	Fall 2003 图像数据集（1893）	Spring 2003 图像数据集（2114）
5	全部人脸图像（4007）	全部人脸图像（4007）

表5－12　第三套实验的各组数据集获得的Rank－one鉴别率　单位：%

组别	识别率
1	99.70
2	99.95
3	95.45
4	96.02
5	99.32

二、实验2：人脸验证

实验2专注于人脸验证实验，旨在评估在某个FAR下属于同一个对象的人脸图像之间的相似度得分高于阈值的概率。在本实验中，我们设计了五组在库人脸数据集和查询人脸数据集（见表5－13）。在第一组中，我们选择了一批无表情和数据质量优良的人脸图像，来测试在理想条件下验证人脸的能力，该组中的人脸图像数量为933。这一组人脸图像也同时成为在库数据集，和查询数据集彼此相互对比匹配。因此，匹配对比的次数是933×933。第二组旨在测试人脸验证技术处理无表情但具有良莠不齐的数据质量的能力。第三组是具有各种图像质量的有表情变化人脸的验证实验。实验中的在库人脸数据集和查询人脸数据集分别都是

FRGC v2 人脸数据库中的所有人脸图像。这项实验是为了模拟真实人脸验证系统中的环境和性能，该实验测试了具有各种表情变化以及各种数据质量的人脸图像。

表 5－13　人脸验证实验中所使用的各组数据集的详细信息　单位：张

组别	基准图库数据集	查询数据集
1	无表情、图像质量良好（933）	无表情、图像质量良好（933）
2	无表情全部图像（2182）	无表情全部图像（2182）
3	有表情全部图像（1825）	有表情全部图像（1825）
4	Fall 2003 图像数据集（1893）	Spring 2003 图像数据集（2114）
5	全部人脸图像（4007）	全部人脸图像（4007）

在验证实验中，查询数据集中的每个人脸图像分别与图库数据集中的人脸图像进行对比匹配。最终相似度得分形成一个大小为 $N \times M$ 的矩阵，而 N 是在库数据集的人脸图像数量，M 是查询数据集的人脸图像数量。表 5－14 显示了在各组人脸验证实验中执行的人脸对比匹配的数量。

表 5－14　各人脸验证实验中对比匹配人脸的次数　单位：次

组别	1	2	3	4	5
对比次数	870489	4761124	3330625	40001802	16056049
类内对比	5911	16754	11177	10824	50927
类间对比	864578	4744370	3319448	3990978	16005122

在实验中，计算上最复杂的是“全部人脸图像 vs 全部人脸图像”实验，因为该实验总共进行了 16056049 次人脸对比匹配。在这些两两对比的人脸图像匹配中，两个人脸图像都属于同一个对象之间的有 50927 次。对于“全部人脸图像 vs 全部人脸图像”实验，在 FAR 为 0.1% 的情况下，人脸验证率达到了 91.96%。表 5－15 列出了所有验证实验中 FAR 为 0.1% 的人脸验证率结果。图 5－16 为“无表情人脸图像 vs 无表情人脸图像”“有表情人脸图像 vs 有表情人脸图像”“全部人脸图像 vs 全部人脸图像”实验的受试者操作特性（receiver operating characteristic，ROC）曲线。通过对比这些曲线，我们可以很清楚地观察到人脸表情变化对人脸验证的影响。图5－17给出了“无表情数据质量良好的人脸图像 vs 无表情数据质量良好的人脸图像”“fall 2003 vs spring 2004”“全部人脸图像 vs 全部人脸图像”的ROC曲线。

表5－15　　在FAR为0.1%下各组实验取得的人脸验证率　　单位：%

组别	验证率
1	99.36
2	98.38
3	89.41
4	90.90
5	91.96

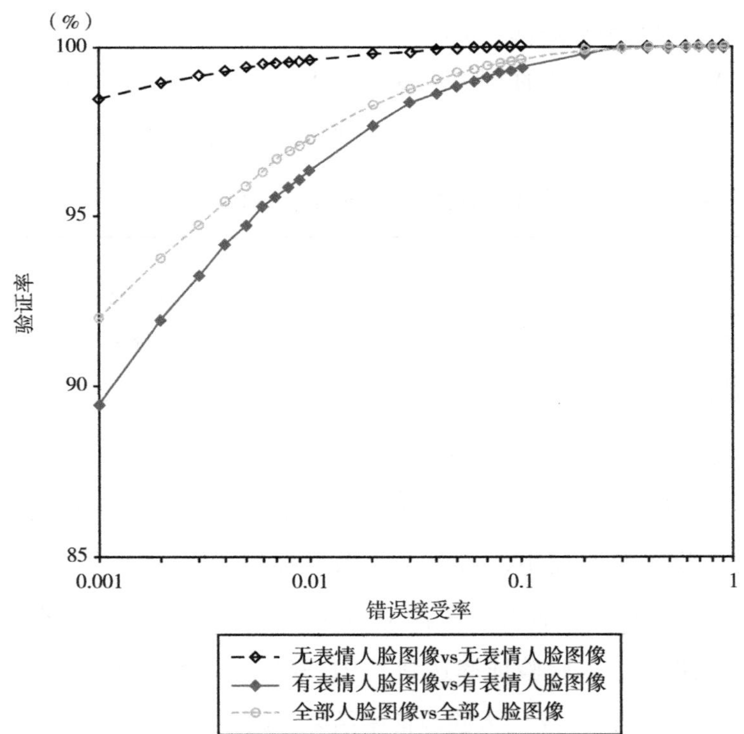

图5－16　“无表情人脸图像 vs 无表情人脸图像”“有表情人脸图像 vs 有表情人脸图像”“全部人脸图像 vs 全部人脸图像”实验的ROC曲线

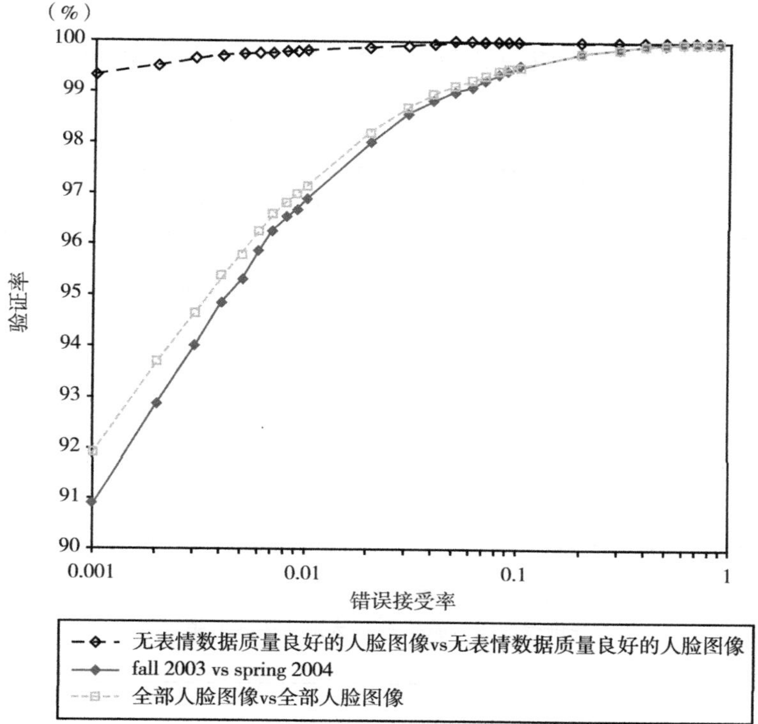

图 5－17 “无表情数据质量良好的人脸图像 vs 无表情数据质量良好的人脸图像”“fall 2003 vs spring 2004”“全部人脸图像 vs 全部人脸图像”的 ROC 曲线

三、实验结果对比

目前，已经有很多人脸识别的研究人员将其研究成果和实验结果发布在 FRGC v2 数据库上，因此我们所进行的人脸识别的相关实验结果可以与他们的测试结果进行性能对比。由于不同的研究人员在 FRGC 人脸数据库中选用了不同的人脸图像测试数据集，所以我们选择使用相同的人脸测试数据集的实验结果来与他们的实验和测试结果进行性能对比。表 5－16 给出了“每个对象的第一张人脸图像 vs 剩下所有人脸图像”人脸鉴别实验的各种方法的实验结果排名。表 5－17 列出了“所有人脸图像 vs 所有人脸图像”人脸验证实验与一些进行最新人脸识别方法相同实验的结果进行比较，表 5 – 18 提供了“fall 2003 vs spring 2004”人脸验证实验的各种方法的比较结果。

表 5 – 16　“每个对象的第一张人脸图像 vs 剩下所有人脸图像”人脸鉴别实验的各种方法的实验结果排名

单位：%

方法	识别率
Bowyer et al. , 2005	91. 9
Cook et al. , 2006	92. 9
Mian et al. , 2007	96. 2
Kakadiaris et al. , 2007	97. 0
Faltemier et al. , 2008	97. 2
Queirolo et al. , 2010	98. 4
本章中的方法	97. 63

表 5 – 17　“所有人脸图像 vs 所有人脸图像”人脸验证实验与一些进行最新人脸识别方法相同实验的结果对比

单位：%

方法	验证率
Mian et al. , 2007	86. 6
Maurer et al. , 2005	87. 0
Cook et al. , 2006	92. 31
Faltemier et al. , 2008	93. 2
Queirolo et al. , 2010	96. 5
本章中的方法	91. 96

表 5 – 18　“fall 2003 vs spring 2004”人脸验证实验的各种方法的比较结果

单位：%

方法	验证率
Husken et al. , 2005	86. 9
Lin et al. 2007	90. 0
Al – Osaimi et al. , 2009	94. 1
Faltemier et al. , 2008	94. 8
Queirolo et al. , 2010	96. 6
Kakadiaris et al. , 2007	97. 0
本章中的方法	90. 9

从这些结果的对比表格中，在比较人脸验证鉴别实验中我们的结果是97.63%，处于第二位，而在人脸验证实验中，我们的人脸识别算法获得了与其他最新人脸识别算法基本为同一水平上的性能，并且人脸识别的一个非常需要注意的问题是人脸识别算法的计算时间也就是算法的运算成本。在人脸识别实验中，被查询的人脸图像将与在库人脸图像数据集中的大量人脸图像进行比较，真实的人脸识别系统对于计算成本非常敏感并且要求很高。在相关的人脸识别研究中（Mian et al.，2007；Faltemier et al.，2008；Queirolo et al.，2010），在人脸匹配对比过程中使用了迭代最近点算法或SA表面对齐匹配算法，使用这样的算法使人脸的识别对比或者匹配成为异常耗时的重度计算任务。在人脸识别研究中（Queirolo et al.，2010），两张人脸图像的平均对比和匹配时间据称约为11秒；而使用我们的方法，一个被查询的三维人脸图像和一个在库三维人脸图像之间进行对比与匹配的平均需要的计算和处理时间约为0.0045秒（计算机配置：Matlab R2007a、CPU为AMD Athlon（tm）64×2双核处理器4200+2.2GHz、3.0GB的内存）。在“每个对象的第一张人脸图像vs剩余其他人脸图像”的人脸识别实验中，被查询的一张人脸图像与465张在库人脸图像进行匹配和对比的处理时间约为2秒，其中甚至还包括了对鼻子进行检测、剪切处理人脸主要区域、三维人脸姿态校正等预先处理三维图像数据的耗时，因此一个现实的人脸识别系统需要用来识别人脸的时间消耗，依然是可行以及可以容忍的。

第七节 结　　论

本章介绍了基于不受人脸姿势变化影响的三维曲面形状描述符的人脸识别算法。本书中的这种人脸识别算法通过实施点与点所代表的三维曲面进行匹配对比时应用累加权重来计算两个三维人脸图像的相似程度，而累加权重矩阵是根据一个位置到鼻尖的距离，也就是强调对表情变化的敏感程度来计算得出的。在各种对无表情人脸的识别实验中，rank - one 人脸鉴别率超过 99. 38%，验证了该方法具有正确识别恒定三维曲面形状的能力。在“每个对象的第一张人脸图像 vs 其他剩余人脸图像”的人脸鉴别实验中，与最新的人脸识别技术所获得的结果相比，本书中的方法实现了 97. 63% 的 rank - one 人脸鉴别率。在人脸验证实验中，在 FAR 为 0. 1% 的情况下，在无表情人脸图像上实现的人脸验证率为 98. 38%，可与最新技术的最优性能相媲美。在有表情人脸图像的实验和测试中，与同时期最先进的技术相比，本书的方法超越了其中的大部分技术，但没有达到其中的最优成绩。这表明尽管本书中的算法虽然在表情变化的不利情况下也具有出色的正确识别三维人脸的能力，但我们的算法基于曲面形状的相似性度量在某种程度上对表情变化更加敏感，由同一表情产生的相似形状（尤其是故意鼓起腮帮的表情时）可能会产生较高的相似度评分，从而降低了人脸验证实验中的性能。与其他基于表面匹配算法的方法不同，我们的方法具有相对较低的计算成本，而这一性能在实际的人脸识别系统中是非常重要的。

总结并展望未来的研究工作

第一节　取得的成果和贡献

在本书开始时，我们概述和回顾了以往以及当前最新的人脸识别方法和相关技术。我们回顾了经典的二维人脸识别算法，并分析探讨了很多最新的三维人脸识别技术，讨论和论述了人脸识别中存在的各种困难和挑战，尤其是在三维人脸识别方面。在本书的各章中，提出并实现了一种自动三维人脸识别方法，该方法包括三维人脸检测、人脸姿态校正和三维人脸识别等三个步骤以及内容。

一、基于鼻尖检测定位的具有不受姿态变化和表情变化影响的人脸检测方法

在相关章节中，介绍并提出了两种新颖的三维人脸曲面形状描述符——多轮廓曲面角矩描述符（MCSAMD）和多壳层曲面角矩描述符（MSSAMD）。通过使用带有多个层圈或球壳的统计属性来描述三维曲面

的形状，并在二进制神经网络 CMM 中存储和训练人脸特征的三维曲面形状，从而可以进一步使用二进制 k – NN CMM 算法来对同一特征在另一张人脸中的位置进行比对检测并定位。使用此算法可以非常准确无误地检测到鼻尖的位置，识别率约为 99.95%。如果考虑 FRGC v2 三维人脸数据库中存在两个在鼻子处出现数据缺失产生空洞的三维人脸图像，则此算法的鼻尖检测和定位识别的成功率为 100%；而且即使在那两个鼻子数据大部分缺失的人脸图像上，这种自动特征定位算法计算出的鼻尖位置也非常接近实际上鼻尖应该所处的位置。此外更重要的一点是，这种三维鼻尖检测定位方法是不受姿态变化和表情变化影响的，因此非常适合应用在三维人脸图像上。与其他相关技术相比，它在基于 FRGC 三维人脸数据库中的实验中获得了最佳的性能。同时，还可以使用鼻尖检测定位的结果为基础，进而实现准确的三维人脸检测和定位。即使是鼻子缺失的人脸也可以被正确检测出主要的人脸用户，因为检测到的鼻尖位置非常靠近脸部中心。但是，这种方法只能在包含人脸图像的三维图像中检测和定位一个鼻尖的位置。如果在某一个三维图像中出现两个人的人脸图像数据，则使用此方法则只能定位其中一个人脸数据，这将导致另一个人脸数据的丢弃和忽略。

二、不受表情变化影响的三维人脸姿态校正方法综合框架

与仅使用一种三维人脸姿态校正或者对齐算法的已有的类似研究不同，在本书第四章中提出并执行了三种三维人脸姿态校正方法的有序组合。首先，使用基于主成分分析算法的三维人脸姿态校正方法来粗略校正人脸的三维空间的姿态。其次，通过分析人脸图像在三维空间中存在某种对称曲面形状的特性来校正鼻尖沿 *ox* 轴的位置。通过使用三维人脸的一种对称特性，还可以将人脸姿态方向进一步与标准姿态模型对齐，特别是在 *oy* 轴和 *ox* 轴方向。最后，我们再利用迭代最近点算法将人脸范

围内不受表情变化影响的部分区域与标准人脸模型进行对齐和匹配，用以校正 *oz* 方向的人脸姿态。通过实现这种综合集成的三维人脸姿态校正方法，所有参与实验的三维人脸图像均会基于对表情变化不敏感的区域旋转并统一对齐到同一坐标系，从而为最终的三维人脸识别提供了坚实的图像数据基础。在类内和类间等指标的评估中，即使在参与实验的三维人脸图像存在表情变化的情况下，我们的方法也明显优于基于迭代最近点算法的最新的仿真实验结果。我们的方法不依赖于眼睛、额头等人脸特征定位技术去检测定位对表情变化不敏感的区域，而是使用了三维人脸对称特性提取方法对表情变化不敏感的区域进行更加可靠和精确地分割及定位。需要指出的是，在此框架中迭代最近点算法也可以被其他能生成复合旋转矩阵的深度图像配准方法取代使用。

三、快速准确的人脸识别算法

在第三章中，我们使用三维形状描述符来描述三维曲面的形状，并以此为基础实现了三维人脸特征定位。由点云组成的三维人脸的曲面形状可以由三维曲面形状描述符向量来表达。为了对比和匹配两个人脸，我们只需要测量两个三维曲面形状描述符向量之间的差异即可。由于仅具有三维形状信息的三维人脸不存在光照/照明条件变化造成的问题，加上在人脸姿态校正的阶段中统一校正解决了人脸姿态变化的问题，因此三维人脸识别中仅剩下一个表情变化的挑战。在人脸姿态校正阶段可以将人脸范围内对表情变化不敏感而曲面形状固定不变的部分分割出来，因此在人脸识别阶段，整个人脸的范围也可以分割为不同的子区域，并且对表情变化少的区域在人脸图像对比匹配中赋予较高的权重。即使我们以缩小的分辨率（从 640 × 480 到 160 × 120）对 FRGC v2 中的人脸进行了人脸识别实验，在“每个对象的第一张人脸图像 vs 剩余无表情人脸图像”识别实验中仍获得了 100% 的 rank - one 鉴别率，并且在“无表情人脸图像 vs 无表情人脸图像”人脸验证实验中，FAR 为 0.1% 时，获得的人脸验证率为 99.36%。对于具有表情变化的人脸图像进行的实验中，“每个对象的第一张人脸图像 vs 剩下所有人脸图像”实验中的 rank - one 鉴别率为 97.63%，在“所有人脸图像 vs 所有人脸图像”的实验中，FAR 为 0.1% 时的人脸验证率为 91.96%。截至实验进行期间，“每个对象的第一张人脸图像 vs 剩余无表情人脸图像”的识别率是居于 FRGC v2 数据库中前列的成绩。此外，我们的三维人脸对比匹配方法具有很高的计算效率，在普通台式计算机和 Matlab 环境中，匹配两张人脸的计算时间仅为 0.0045 秒。

四、总结

通过对人脸特征器官鼻尖的检测和定位、调整校正三维人脸的姿态以及进行高效准确的三维人脸识别，构建了一个高性能的三维人脸识别系统的基本技术框架。在以上人脸识别所需要的这三个阶段中的每个任务都可以由计算机和相关设备自动完成。我们的人脸识别系统的技术框架中最重要的基础是高度可靠的鼻尖检测定位算法，即使在大型 FRGC 三维人脸数据库上，鼻尖定位也能以近乎 100% 的正确率检测到鼻尖的准确位置，此方法为随后的人脸姿态校正以及人脸识别任务提供了没有任何前期损失的三维人脸图像数据基础。在三维人脸姿态校正阶段，我们使用的综合集成姿态校正方法利用了三维人脸的对称特性来精确分割出对表情变化不敏感的区域，从而避免必须检测定位人脸其他特征（如眼睛）定位带来的额外的误差。与其他最新的类似技术相比，我们的人脸识别方法可以更有效地匹配三维人脸图像。而且简化了计算算法，精确地对比匹配了人脸范围内的各个子区域，同时仍然有能力获得相对较高的成绩和性能，尤其是在人脸识别方面。我们的研究也存在一定的局限性：用于评估的 FRGC 三维人脸数据库仅具有有限范围的人脸姿态变化信息，缺乏大范围、大角度的人脸姿态数据，这可能导致我们的方法对姿态变化的处理能力没有得到更充足的验证。

第二节　未来研究展望

在第二章中，我们进行了鼻尖和内眼眦的检测与定位。尽管在鼻尖检测中获得了很高的检测定位的性能，但内眼眦的识别正确率却不如鼻尖定位准确，这是因为眼睛的形状比鼻子更微妙，并且人脸表情变化也可能严重改变或影响眼睛周围的形状。如果需要进一步检测定位更多的人脸特征（如眼睛、脸颊或嘴），则需要更细腻、更有效的三维曲面形状描述符，能够精确表示所有人脸特征位置附近的三维曲面形状。此外，还必须考虑如何更好地处理描述的效果。正如我们已经表明的那样，即使存在表情变化，我们的人脸识别方法也具有良好的三维人脸鉴别能力，因此三维人脸验证实验的性能仍有改进的空间。一个可能的解决方案是使用 FRGC 三维人脸数据库中图像的原始大小，该图像可以提供比分辨率缩小后的人脸图像更多的信息和细节。另一个解决方案是使用一个额外的三维人脸数据库，如约克大学三维人脸数据库，用以测试、评估我们实现的三个部分和阶段的工作任务，该三维人脸数据库具有相对更多的干扰因素，如三维图像中还会包含墙壁、桌子甚至另一个人的数据。因此，使用此数据库可以测试我们所构建设计的三维人脸识别系统技术框架的抗噪声干扰能力。

参 考 文 献

[1] 赵昆，张辉，苏达钊，商霓．人脸识别技术综述与展望［J］．科学与财富，2018（25）．

[2] 中研智业研究院．中国人脸识别行业发展现状与前景趋势研究报告［R］．2021．

[3] 朱宝．2020－2025 年中国人脸识别行业市场前瞻与投资战略规划分析报告［R］．2019．

[4] 祝秀萍，吴学毅，刘文峰．人脸识别综述与展望［J］．计算机与信息技术，2008（4）．

[5] A. B. Moreno and A. Sanchez, Gavabdb: A 3d face database, *Proc. 2nd COST275 Work-shop on Biometrics on the Internet*, Vigo (Spain), 2004.

[6] A. Colombo, C. Cusano and R. Schettini, "3d face detection using curvature analysis". Pattern Recognition, 2006 (39).

[7] A. F. Abate, M. Nappi, D. Riccio and G. Sabatino, "2d and 3d face recognition: A survey". Pattern Recognition Letters, 2007 (28).

[8] A. Hyvärinen, "Survey on independent component analysis". Neural Computing Surveys, 1999 (2).

[9] A. Mian, M. Bennamoun and R. Owens, Automatic 3d face detection, normalization and recognition, *Interantional Symposium on: 3D Data Processing Visualization and Transmission*, 2006.

[10] A. Mian, M. Bennaoun and R. Owens, Matching tensors for pose

invariant automatic 3d face recognition, *Proceedings of Computer Vision and Pattern Recognition*, 2005.

[11] A. M. Bronstein, M. M. Bronstein and R. Kimmel., "Expression-invariant representations of faces". IEEE Transactions on Image Processing, 2007 (16).

[12] BJUT-3D, BJUT-3D Face Database, Beijing.

[13] Bosphorus, Bosphorus 3D Face Database.

[14] B. Scholkopf, A. Smola and K. Muller., "Nonolinear component analysis as a kernel eigenvalue problem". Neural Computation, 1998 (10).

[15] C. Beumier and M. Acheroy, "Automatic 3d face authentication". Image and Vision computing, 2000 (18).

[16] C. Conde, A. Serrano, L. Rodriguez-Aragon and E. Cabello, 3d facial normalization with spin images and influence of range data calculation over face verification, *IEEE Computer Society Conference on Computer Vision and Pattern Recognition*, 2005 (3).

[17] C. C. Queirolo, L. Silva, O. Bellon and M. P. Segundo, "3d face recognition using simulated annealing and the surface interpenetration measure". IEEE Transactions on Pattern Analysis and Machine Intelligence (TPAMI), 2010 (32).

[18] C. Hesher, A. Srivastava and G. Erlebacher., A novel technique for face recognition using range imaging. *Symposium on Signal Processing and Its Applications*, 2003.

[19] C. S. Chua and R. Jarvis, "Point signature: A new representation for 3d object recognition". Internat. Computer Vision, 1997 (25).

[20] C. Xu, S. Z. Li, T. Tan and L. Quan, "Automatic 3d face recognition from depth and intensity gabor features". Pattern Recognition, 2009 (42).

[21] C. Xu, T. Tan, Y. Wang and L. Quan, "Combining local features for robust nose location in 3d facial data". Pattern Recognition Letters, 2006 (27).

[22] C. Xu, Y. Wang, T. Tan and L. Quan., Depth vs. intensity: Which is more important for face recognition?, *International Conference on Pattern Recognition*, 2004.

[23] F. Al-Osaimi, M. Bennamoun and A. Mian, "An expression deformation approach to non-rigid 3d face recognition". Int'l Journal of Computer Vision, 2009 (81).

[24] F. Tsalakanidou, S. Malassiotis and M. G. Strintzis, "Face localization and authentication using color and depth images". IEEE Transactions on Image Processing, 2005 (14).

[25] G. Pan, Y. Wang, Y. Qi and Z. Wu, Finding symmetry plane of 3d face shape, *Proc. of* 18*th International Conference on Pattern Recognition* (*ICPR'*06), 2006 (3).

[26] H. T. Tanaka, M. Ikeda and H. Chiaki, Curvature-based face surface recognition using spherical correlation-principal directions for curved object recognition, *Proc.* 3*rd Internat. Conf. on Face & Gesture Recognition*, 1998.

[27] J. Austin, "Distributed associative memories for high speed symbolic reasoning". Fuzzy Sets and Systems, 1996 (82).

[28] J. A. Anderson, "A simple neural network generating an interative memory". Mathematical Biosciences, 1972 (14).

[29] J. Cook, C. McCool, V. Chandran and S. Sridharan., Combined 2d/3d face recognition using log-gabor templates, *IEEE Int'l Conf. Video and Signal Based Surveillance*, 2006.

[30] J. Cook, V. Chandran and C. Fooks, 3d face recognition using

log-gabor templates, *Proc. British Machine Vision Conference*, 2006.

[31] J. C. Hager, P. Ekman and W. V. Friesen, *Facial action coding system*, Salt Lake City 2002.

[32] J. D. Foley and A. V. Dam, *Fundamentals of Interactive Computer Graphics*, 1983.

[33] J. Y. Cartoux, J. T. Lapreste and M. Richetin, ace authentication or recognition by pro-le extraction from range images, *Prceedings of the Workshop on Interpretation of 3D Scenes*, 1989.

[34] L. Silva, O. R. Bellon and K. L. Boyer, "Precision range image registration using a robust surface interpenetration measure and enhanced genetic algorithms". IEEE Transactions on Pattern Analysis and Machine Intelligence, 2005 (27).

[35] L. Wiskott, J. Fellous, N. Kruger and C. Malsburg, "Face recogntion by elastic bunch graph matching". IEEE Trans. Pattern Analysis and Machine Intelligence, 1997 (19).

[36] L. Zhang, A. Razdan, G. Farin, J. Femiani, M. Bae and C. Lockwood, "3d face authentication and recognition based on bilateral symmetry analysis". The Visual Computer, 2006 (22).

[37] M. Ankerst, G. Kastenmuller, H. Kiegel and T. Seidl, 3d shape histograms for similarity search and classification in spatial databases, *Proceedings of the 6th International Symposium on Advances in Spatial Databases*, 1999.

[38] M. Husken, M. Brauckmann, S. Gehlen and C. Malsburg, Strategies and benefits of fusion of 2d and 3d face recogntion, *Proc. IEEE Conf. Computer Vision and Pattern Recognition*, 2005.

[39] M. H. Yang, Face recognition using kernel methods, *Proceedings of the 14th International Conference on Neural Information Processing Systems*:

Natural and Synthetic, Vancouver, BC, Canada 2001.

[40] M. P. Segundo, C. Queirolo, O. R. Bellon and L. Silva, Automatic 3d facial segmentation and landmark detection, *International Conference on Image Analysis and Processing*, 2007.

[41] M. Romero and N. Pears, 3d facial landmark localisation by matching simple desciptors, *2nd IEEE Int. Conf. Biometrics: Theory, Applications and Systems*, 2008.

[42] M. Turk and A. Pentland, "Eigenfaces for recognition". Journal of Cognitive Neuroscience, 1991 (3).

[43] P. Belhumeur, J. Hespanha and D. Kriegman, "Eigenfaces vs. fisherfaces: Recognition using class specific linear projection". IEEE Trans. Pattern Anal. Mach. Intell, 1997 (19).

[44] P. Besl and R. Jain, "Invariant surface characteristics for 3d object recognition in range images". Computer Vision, Graphics, And Image Processing -Lectures notes in computer science, 1986 (201).

[45] P. Ekman and W. Friesen, *Facial action coding system: A technique for the measurement of facial movement*, Palo Alto 1978.

[46] P. J. Phillips, P. J. Flynn, T. Scruggs, K. W. Bowyer, J. Chang, K. Hoffman, J. Marques, J. Min and W. Worek., Overview of the face recognition grand challenge, *Proc. IEEE Conf. Computer Vision and Pattern Recognition*, 2005.

[47] R. Brunelli, T. Poggio and I. P. Trento, Face recognition through geometrical features, *In in European Conference on Computer Vision*, 1992.

[48] R. Fisher, "The use of multiple measurements in taxonomic problems". Annals of Eugenics, 1936 (7).

[49] S. Jin, L. R. Robert and W. David, "A comarision of algorithms for vertex normal computation". The Visual Computer, 2005 (21).

[50] S. O. K. Q. Ju, and J. Austin, Binary neural network based 3d facial feature localization, *In IJCNN' 09: Proceedings of the 2009 international joint conference on Neural Networks*, 2009.

[51] S. Rizvi, P. Phillips and H. Moon, The feret verification testing protocol for face recognition algorithms, *Technical Report NISTIR 6218 Nat'l Inst. Standards and Technology*, 1998.

[52] T. Cootes, K. Walker and C. Taylor, View-based active appearance models, *Proc. of the IEEE International Conference on Automatic Face and Gesture Recognition*, 2000.

[53] T. Faltemier, K. W. Bowyer and P. J. Flynn, "A region ensemble for 3d face recognition". IEEE Trans. Inf. Forensics Security, 2008 (3).

[54] T. Heseltine, N. Pears and J. Austin, Three-dimensional face recognition: An eigensurface approach, *Proc. Internat. Conf. on Image Processiong*, 2004.

[55] T. Heseltine, N. Pears and J. A. T., Three-dimensional face recognition: A fishersurface approach, *Proc. Image Analysis and Processing*, 2004.

[56] T. Kohonen, "Correlation matrix memories". IEEE Transactions on Computers, 1972 (21).

[57] T. Maurer, D. Guigonis, I. Maslov, B. Pesenti, A. Tsaregorodtsev, D. West and G. Medioni, Performance of geometrix activeid 3d face recognition engine on the frgc data, *Proc. IEEE Conf. Computer Vision and Pattern Recognition*, 2005.

[58] T. Nagamine, T. Uemura and I. Masuda, 3d facial image analysis for human identification, *International Conference on Pattern Recogntion*, 1992.

[59] T. Paratheodorou and D. Ruechert, Evaluation of automatic 4d

face recognition using surface and texture registration, *Proc. Sixth IEEE Internat. Conf. on Automatic Face and Gesture Recogntion*, 2004.

[60] T. Sim, S. Baker and M. Bsat, The cmu pose, illumination, and expression database, *IEEE Internat. Conf. on Automatic Face and Gesture Recognition*, 2003 (25).

[61] V. Blanz and T. Vetter, A morphable model for the synthesis of 3d faces, *Proc. Acm Siggraph*, 1999.

[62] V. Blanz, S. Romdhani and T. Vetter, Face identi-cation across different poses and illuminations with a 3d morphable model, *Proc*, *IEEE International conference on Automatic Face and Gesture recognition*, 2002.

[63] V. J. Hodge and J. Austin, "A binary neural k-nearest neighbour technique" . Knowledge and Information Systems, 2005 (8).

[64] W. Grimson and T. Lozano-Perez, Model-based recognition and localization from tactile data, *IEEE International Conf. on Robotics*, Atlanta, GA 1984.

[65] W. W. Bledsoe, The model method in facial recognition, Palo Alto, CA 1964.

[66] W. Y. Lin, K. C. Wong, N. Boston and Y. H. Hu, 3d face recognition under expression variations using similarity metrics fusion, *Proc. IEEE Int'l Conf. Multimedia and Expo*, 2007.

[67] X. Lu and A. Jain, Deformation modeling for robust 3d face matching, *Proc. IEEE Computer Society Conference on Computer Vision and Pattern Recognition*, 2006.

[68] X. Lu, R. Hsu, A. Jain and B. Kamgar-Parsi, Face recognition with 3d model-based synthesis, *Proc. Internat. Conf. on Biometric Authentication* (*ICBA*), 2004.

[69] Y. Lee, K. Park, J. Shim and T. Yi, 3d face recognition using

statistical multiple features for the local depth information, 16*th International Conference on Vision Interface*, 2003.

[70] Y. Wang, C. Chua and Y. Ho, "Facial feature dectection and face recogntion from 2d and 3d images". Pattern Recognition letters, 2002 (23).

[71] Y. Wang, G. Pan and Z. Wu, Sphere-spin-image: A viewpoint-invariant surface representation for 3d face recognition, *Proc. Internat. Conf. on Computational Science*, Vol. 3037, 2004.

图书在版编目（CIP）数据

基于高级不确定推理架构的三维人脸识别研究／句全著.
—北京：经济科学出版社，2021.11
ISBN 978－7－5218－2977－8

Ⅰ.①基…　Ⅱ.①句…　Ⅲ.①自动识别系统－研究
Ⅳ.①TP391.4

中国版本图书馆CIP数据核字（2021）第209215号

责任编辑：宋艳波
责任校对：杨　海
责任印制：邱　天

基于高级不确定推理架构的三维人脸识别研究
句　全　著
经济科学出版社出版、发行　新华书店经销
社址：北京市海淀区阜成路甲28号　邮编：100142
总编部电话：010－88191217　发行部电话：010－88191522
网址：www.esp.com.cn
电子邮箱：esp@esp.com.cn
天猫网店：经济科学出版社旗舰店
网址：http：//jjkxcbs.tmall.com
北京财经印刷厂印装
710×1000　16开　10印张　200000字
2022年4月第1版　2022年4月第1次印刷
ISBN 978－7－5218－2977－8　定价：56.00元